U0013888

莎拉・麥柯克戴爾
Sara McCorquodale———著

陳冠吟———譯

網紅影響力

自媒體
如何塑造
我們的數位時代

Influence

How social media influencers are
shaping our digital future

目錄

前言

想像一下這位女孩，在她平凡、大小很一般的房間裡，她既沒有名人的光彩，也不像模特兒那樣超世拔俗。時間是 2010 年，你雖然不會在雜誌或電視上看到她，這卻是件好事，在 YouTube 上有數千名粉絲定期看她拍的影片，正是這個原因支持她繼續演出。她就跟他們一樣，至少幾乎一樣。

似曾相識嗎？這只是社群媒體裡最典型的角色樣貌，他們替消費者定義數位娛樂的型態，並創造了現在稱為「網紅」的職業。

部落客、Vlogger、YouTuber、IG 紅人──這群是最早在網路上寫日記、教化妝、拍搞笑短片、拍電玩 vlog 的創業家。因為過去十年來蓬勃發展的數位市場，其影響力已達數百萬美元，重擊了媒體、行銷、傳播市場，未來也將持續高速成長。品牌、廣告代理商、媒體公司紛紛對這些網紅招手、投懷送抱，他們之所以這麼做也是其來有自。對每個以網紅為業的人來說，有一個原因，讓他們團結起來：他們掌握了網路，他們決定網路的發展。我們觀看的內容風格、我們購買的東西，在某種程度上也決定著

我們腦袋裡想的事情。**他們就是我們所關心的選物編輯、廣播人、意見分享者，每個人都想在網紅產業裡分一杯羹。**

　　某些比較傳統的領域仍然看輕網紅產業，不過網紅並不只是難以解釋的曇花一現。這個產業之所以形成，有很大的原因是因為人類行為。首先看看臉書（Facebook），臉書原本將包含無限資訊的網路，也就是我們未知的事物，轉變為跟我們有關的空間、我們的故事。

　　到目前為止，線上行為都是以 Google 為中心，它有如讓我們通往另一頭大千世界的舷窗，能夠快速、輕易的學習並了解各種事物。突然間，要理解或踏遍這個世界也沒那麼難了，知識不再只存在於大學、機構與圖書館，而是人人可以擁有，跟個人的財富、運氣或者教育程度都無關。然而，大約從 2006 年開始，網路世界開始繞著我們打轉，內容是我們的親朋好友、我們的想法、看法、日常生活，這些日復一日的小確幸讓人成癮並感同身受。想來也奇怪，曾經有那麼一個時刻，大多數人想都沒想過會把自己的照片傳到網路上。

　　我們越來越著迷於分享自己的故事，也越來越喜歡別人的故事。兩者似乎一樣，但又不同。更好，但不是遙不可及，在 YouTube、推特（Twitter）、Instagram（IG）大

放異彩，社群媒體幾乎等同於網路的時代，收看網紅的內容，似乎比坐下來收看 BBC 還要稀鬆平常。

為什麼這個產業的價值現在如此龐大？為什麼各品牌需要這些人？擁有品牌的人自己不能運用社群媒體、做網紅在做的事嗎？沒錯，就是不能。

網紅的崛起就代表，身為消費者，現在希望所有事情都是以「人」的角度看世界——一位有血有肉、有經驗的敘事者，鉅細靡遺的分享意見。大家不想要以品牌的角度，不要高高在上的語氣，不要戲仿網路用語的尷尬行銷文案。在這個人工智慧的時代，儘管科技無比進步，大家卻比以前更想要真實的人類。

除了上述事實，全球有超過四分之一的人使用阻擋廣告的軟體，也就是說很多消費者其實看不到廣告主在媒體網站上購買的廣告。因此轉眼間，一項產業應運而生，而且還超級無敵有價值。**品牌不可能是人，但網紅就是人，從根本上來說，他們的業務內容就是成為人，並講故事。**

2017 年，我在創立網紅智能與數位趨勢的獨立平台 CORQ 之前，當過 12 年的記者、編輯、顧問。我自身的經驗，也就是我寫這本書的主要原因。

我從 2012 年開始跟網紅合作，目的是為了擴展《Tatler》雜誌、以及後來「美國線上」（AOL）的生活

頻道網站「MyDaily」的網路讀者。在《Tatler》的時候很簡單，我搭著第四台頻道《Made in Chelsea》的人氣，成了《Tatler》的第一任數位編輯。這是一個有組織架構的實境節目，拍攝倫敦上流人士的生活，在當時簡直是天賜良機，能夠把流量導到我們簡單的網站。除非我能證明消費者夠喜愛網站內容，否則康泰納仕（Condé Nast）是不會投資的。

不過，由於我們網站的核心內容就是上流社會的派對照片，擁有《Made in Chelsea》半數成員 18 歲生日派對照片的圖片集錦。這些人參加實境秀時，我們大概已經掌握了整個網路世界的獨家內容，他們的粉絲因為熱切想了解這些明星的生活，便從 Google 湧至 Tatler.com。之後，我們跟這些人合作，也完全是合情合理，因此《Tatler》的網站讀者在短時間內急遽成長。**我們掌握正確的數位內容、入迷的觀眾，這些人剛好關心年輕的英國名流，而年輕的英國名流也樂意與品牌靠攏**。我有提到那時剛好跟伊莉莎白二世登基鑽禧慶典，還有 2012 倫敦奧運同一年嗎？簡直是一拍即合、絕世佳作、完美的時機。

MyDaily 就比較有挑戰。MyDaily 的母公司 AOL 極為重視高度成長的數字。你以為瀏覽量高與訪客不重複就能帶動極大的廣告收益？錯了。為了達成目標，MyDaily

為千禧世代女性打造架在 AOL 首頁上的名人內容，這個網站最主要的用戶是 30 歲以上的男性。因此，我們的網站面臨解決不了的問題：內容是給女性，但網站推廣的對象是男性，也就是說觀眾跟內容互不吸引，完全沒辦法賣，但企業主又著迷於數字，而非品質，因此美國線上首頁的廣告活動便持續進行，男性持續進入 MyDaily 網站。

更糟的是，有一個行銷計畫叫做 Outbrain，若付費，就能在各大網站的內容埋下釣魚式標題的連結，確保湧入大量點擊以及表面的用戶成長率。我再說一次，雖然數字讓人讚嘆，但實情卻令人沮喪。Outbrain 只提供瀏覽數，沒有忠誠度，我們的跳出率（用戶進入網站然後馬上離開）急遽攀升。MyDaily 看似很成功，但實際上，就像是海市蜃樓，我們並沒有品牌辨識度，也沒有核心、忠實的用戶。

身為編輯，我的工作就是要改變這個現象，將千禧世代的女性帶到網站，讓她們喜歡我們的內容，就像她們喜歡 Refinery29、Elite Daily 跟 Buzzfeed。我的主要策略是請網紅寫專欄、當我們的攝影師。他們在自己的社交平台上宣傳作品，我們跟他們產生連結，並分享他們喜歡的事物。突然間，MyDaily 對目標用戶來說，好像變得更有趣了。**在美國線上這種喜愛流量的企業，讓我們無法大力做**

出變革，但歸功於我們的網紅策略，使網站往對的方向發展。

之後，我到全球趨勢預測單位「沃斯全球時尚網」（WGSN）擔任資深編輯，我的工作之一就是發行該單位的第一個 B2C 網站——WGSN Insider。自從我在 MyDaily 接手一個問題叢生的品牌後，我能夠將過去十年間（當時來說）在業界學到的知識運用在一個全新的平台上，這簡直像在做夢。如果說我對這個新網站有什麼期望，就是希望能找到對的觀眾。希望設計師、藝術系學生、創意總監、現有跟未來的顧客持續因為這個網站每天都能夠提供資訊、內容而回訪。為了達成目標，我們產出一系列的小眾清單文（學織品的人才知道的十件事），也請有創意的網紅當客座作家並給予傭金，內容五花八門，包括在 90 年代與模特兒共事的經驗，到布朗普頓自行車的絕妙設計理念。這些內容發布於電子報、推特及臉書，各創作者也一起在社交平台宣傳，就好像我在《Tatler》的經驗再現。

如果問有什麼事會讓一個人從一帆風順中離開，什麼都不知道就開始創業——那大概是破產外加生病的小孩。我因為工作太忙，一直錯過小孩的上床時間，所以離開沃斯全球時尚網成為獨立顧問。在那個時候，我已經成功請到其他網紅替我所負責的數位平台帶來成長，而在我成為

獨立顧問的頭三個月，有兩名網紅請我幫他們建立社群粉絲，一位是登上全球各刊雜誌封面、走遍各大伸展台、登上各地的廣告看板的國際超模；另一位是獨立創意權威，在業界積累了二十年的功力，曾經做出許多受人喜愛的作品，也上過各家紙本媒體。

超模在 IG 和臉書上擁有超過百萬粉絲，從邏輯推斷，她在不同平台發送她的新計畫，應該就能獲得成長。但實際情況是，她的觀眾根本不在意這些。他們想要看到她的照片，有很多粉絲喜歡她，但她無法驅使這些粉絲去做任何事。她具娛樂價值，但不具影響力。

另一方面，創意權威從幾千名粉絲開始，在六個月內人數飛快的成長，藉由 IG 也開始以不同的方法賺錢。累積的粉絲非常喜歡她、很聽話、充滿好奇心，他們會問問題，時常讚美她的作品，一抓住機會就參加她的活動，信任她的品牌——這樣的人還不少，成效絕佳，他們真心相信她的權威及專長，因此她擁有絕佳的影響力。**表面上看來，超模似乎是更成功的網紅，但實際上創意權威才是兩者之間真正擔得起網紅這個稱號的人。**

此時，我開始質疑，這個新興的數位影響力過去是用什麼指標來評估。當時是 2016 年，大家最重視的就是「量」。人們開始討論微網紅，不過，這也是基於粉絲量

而定義的，而大家對「微」的認知也有許多差別。我開始思考這些問題：除了粉絲數跟互動率，我們是否有其他理由相信，有許多粉絲的人就能夠影響他們的粉絲？他們是真的具有影響力，還是只是人氣高？除了數據以外，品牌是否會基於其它理由，跟一些特定的網紅、或符合品牌價值的 IG 紅人建立關係？

身為記者，就會被教導尋找鉤子。除非你報導的主題是跟大家息息相關的人或物，所謂的鉤子就是你在某個時刻要報導這個主題的原因。他們做了什麼，跟你的出版品有關嗎？而且為什麼你的讀者應該關心？

我發現，幾乎每一位網紅的行銷內容都少了鉤子。例如，當有位內容創作者貼出贊助的照片，手上拿著一瓶香水，毫無原因，就只是因為客戶付錢。會有任何顧客因為照片好看，就喜歡這樣的內容嗎？**我從超模的經驗證明，只是照片美還不夠。驅使影響力的就是權威，因此，這名內容創作者就必須具備一些知識，或至少先表達對香氛，或對該品牌的喜愛。**顧客必須要有一些理由來信任他們，才會受他們的推薦影響。

除非這些品牌更熟悉網紅的故事，不然無法寫出更有意義的網紅行銷。這些品牌缺乏鉤子——一個讓消費者買單、相信他們跟品牌之間產生超越金錢關係的連結。若沒

有鉤子，網紅只是替人操刀，品牌只是他們的手段。

儘管這樣的事實令人不快，就是只憑數據評斷數位影響力的實際情況。對內容創作者來說好像是還原劑，大大的限制各品牌運用他們能力的潛力。前面提到的優點，是他們講故事的技巧、他們生活的紀錄，能夠啟發人、或與文化高度相關，這是他們之所以具娛樂性的原因。但他們的粉絲基於什麼理由，去相信網紅推薦的品牌或者產業呢？那就是權威，權威帶來信任，可能會轉化為影響力，以及人人都想要的轉換率。

隨著網紅圈越來越擁擠，要滑過普通、衍生性的內容也變得越來越容易，因此在社群媒體上，品牌說故事的能力必須越來越突出才能夠脫穎而出，也要能夠取信於人。我當顧問的時候，曾經跟全球許多精品品牌共事，他們跟其他產業的人比起來，對這一塊也適應得特別好。**在網紅創作的內容裡，能自然的呈現對品牌的可信度，這點非常重要。粉絲數雖然也很重要，但氣質跟生活品味更能說服人心。**

我對網紅的合理性質疑，使我創立自己的平台CORQ，進一步去了解現代產業是如何開始圍著這些網紅團團轉的。由於網紅跟產業合作的緣由，使得目前這塊產業令人驚豔，但也充滿缺陷，就算如此，仍有許多人積極

想要了解網紅這一塊。網紅如何建立自己的品牌？那些早期採納者成功的原因，是因為天時地利人和、演算法之前運氣好，或者是他們有什麼成功的祕訣？在我與多位網紅（有些是不具名的）的訪談之中，最明顯的一件事是，這些人對於他們身邊的產業並不滿意。

除此之外，他們也一致對於「網紅」這個用詞感到有點不舒服，這並不是他們創造或者用來稱呼自己的用詞。更廣泛來說，他們相信他們的價值在於有能力透過不斷的、能產生共鳴的、具權威的、或日常的內容建立社群。他們跟粉絲的關係，通常是他們最常提到的事，因為建立信任跟熟悉度費時費力，而且幾乎每一位我採訪的早期採納者，都極力不想跟他們建立起知名度的平台有所關連。

同時，有件事也不容小覷。**部分網紅私人的生活跟故事商品化的程度有多大，他們或經紀人就有多極力捍衛這一點，直到談攏價格。**我數不清有多少位網紅拒絕本書採訪，因為他們的時間或產品並不會因此得到報酬，而他們的產品就是他們的故事。有些對於我的採訪邀約甚至感到冒犯，也立刻懷疑我想要利用他們的名氣賺錢。他們花了許多年，在大多數人並不重視也不了解的產業建立起娛樂事業，因此對於那些過去忽視他們（包括任何傳統產業）但現在想利用他們的人非常敏感。

就另一方面來說，那些願意受訪的人認為，在這個產業裡應該出現更明確的分類。因為要用網紅一詞描述眾多各自建立品牌的娛樂產業人士，實在太過籠統。網紅涵蓋的光譜甚廣，每個人用不同的方式累積了許多粉絲。YouTuber、IG紅人、部落客、創意發想者、評論家、作家、行動主義分子，都是本書所討論的對象。

　　本書目的在於加深這個產業的深度，探討其缺點、潛力及未來。若要我發表免責聲明，我在兩年的研究期結束後，相信數位影響力大的個人會具有很大的能力，但我並不能說所有具有大量粉絲的人，都能發揮極高的數位影響力。**我相信品牌能夠善加利用網紅，創造出關聯性、讓產品更吸引人，但我認為這未必會導致廣泛的轉換率**。最後，我相信以上所講的都取決於我們對於人類故事的理解，因為唯有這樣，才能開始有效的建立可信度、信任感和辨別權威。這是通往影響力最可行的道路。

1· 什麼是網紅?

網紅:透過分享編輯過的生活內容,建立線上粉絲的個人。

» 網紅產業為什麼會誕生?

　　網紅,可能是一個讓網紅以及跟網紅工作相關的人又愛又恨的稱呼,它可能帶有貶義,最為人所知的是一些騙吃騙喝的傢伙。事實上,真正稱得上網紅的人(並不是每個人都配得上這個詞),建立起價值百萬美元的數位娛樂圈,並且決定這個產業的走向。他們建立的龐大、忠誠的粉絲,在各社交平台追隨他們的一舉一動以及想法。網紅有時也被稱為(或誤稱為)內容創作者、部落客、IG 紅人、YouTuber,他們象徵新型態的媒體大亨,獨立、勤奮、將網路人氣資本化、發起具創意的計畫,或建立成功的新創公司。**他們的優點包含能夠靈活適應變化多端的網路生態,辨識能夠使品牌成長的機會並立即採取行動,也了解什麼能使觀眾黏著他們不放。**他們的弱點則過度沉溺於自

己的內容，也非常適應他們在自己的平台上創造出來的文化，所以他們跟更廣的文化敘事完全脫節。

雖然在行銷、媒體、數位跟傳播的語彙裡，網紅好像無所不在，但這個用詞漸漸的進入到我們的生活用語當中。根據 Google 的數據，網紅的英文「influencer」這個字在 2013 年年底搜尋次數不多，在 2017 年逐漸顯著增加，到 2018 年成長驚人。在 2018 年下半年，這個字的受歡迎程度與上半年差不多。過去五年中，最常搜尋這個字的用戶來自新加坡、德國跟瑞士。在美國，特別是紐約、加州、猶他州，以及英國，也有成千上萬筆關於網紅的搜尋。

這個用詞的前身更簡潔、問題較少，就是「部落客」。值得注意的是，部落客在全球的搜尋量比網紅大上許多，網紅這個用詞更像業界用語。這是一個為了能夠簡短解釋這個媒體現象而創造的字，新興的網紅行銷可能會有問題，大多是因為這個名稱、或者是網紅本身誤解造成不正確的含意。

儘管網紅一詞有許多爭議，這個產業並沒有因為大家不了解而停止發展。品牌、經紀公司開始繞著YouTuber、IG 紅人、跨平台的內容創作者打轉。這個產業在 2018 年的估計值為 200 萬英鎊，到了 2020 年預估將成長至五倍，已經快速累積了驚人的產值，這可說是因

為在數位的時代，廣告和媒體的走向並不明確。英國康泰納仕在 2017 年的稅前虧損為 1,360 萬英鎊，該集團認為這是他們在數位成長時代的投資所導致。赫斯特（Hearst）媒體公司的 2018 年發行量下降八個百分比，根據英國發行量公信會的數據，大多數紙本媒體的銷售全面下滑。

同時，紙本媒體的廣告收入增長放緩（但 2018 年報紙的廣告收入成長），各品牌更傾向與雜誌、報紙「合作」，而不是在傳統的展示平台砸大錢。這些合作通常包含出現在紙本、數位、活動、社群媒體廣告的業配內容，以及跟像名人一樣的編輯合作。很多時候，這些編輯本身就是具有實力的網紅。為什麼不將廣告的預算從紙本移到網站呢？畢竟，網站的讀者多更多，每天各平台都會推出許多內容。然而，全網路用戶約四分之一使用阻擋廣告的軟體，沒人能保證造訪這些網站的百萬用戶能看到上面的數位廣告。從各種數位新媒體公司裁員、貶值，就可以知道資助數位媒體並不是件容易的事，儘管這些新媒體曾經被認為是產業的未來。Buzzfeed 在 2019 年宣布將於全球裁員 15% 的人力，威訊無線透露將於赫芬頓郵報、美國線上、雅虎進行 7% 的人力縮編。該公司 2018 年的價值減少 460 萬美元，而 Vice 媒體也宣布將裁去 15% 的團隊人力。同時，網站公司 UNILAD2018 年被別間公司

接管；英國的女性生活網站 The Pool 於 2019 年也面臨同樣命運。當推特上面充斥著記者、編輯遭裁員的消息，Spears 雜誌估計網紅 Zoe Sugg 的淨值達 250 萬英鎊；另一位 YouTuber —— Olajide Olatunji（網名 KSI）淨值為 390 萬英鎊；vlogger —— Logan Paul 的淨值為 1,100 萬英鎊。

所有在傳播、行銷單位的主管、媒體企畫以及品牌總監都肩負責任，確保要維持品牌高知名度，業績逐年成長，其產品要與核心市場、未來市場相關。既定的傳統品牌被視為產業領頭羊，必須達到具挑戰的目標；新創公司與新興的競爭對手必須是挑戰者，確保他們公司是用戶上網時真正會看的網站。用戶在哪裡呢？在社群媒體上。他們不一定會追蹤品牌，但積極想加入網紅建立的社群，這些網紅提供資訊、娛樂、傾聽，並拋出即時的討論。

傳統媒體見到紙本銷售下滑、苦苦掙扎於自身的數位定位、大多主流的西方社群媒體持續成長，其中最明顯的就是 IG，它在 2017 年的每月用戶為五億人，到了 2018 年則翻倍到十億人。臉書儘管經歷多次爭議，像是商業化用戶數據，但也在這段期間內累積了數百萬新用戶。不過，平台雖然成長，許多報導也指出，在社群媒體上直接投放廣告的效果越來越差。最重要的是，臉書在 2018 年

改變演算法，優先呈現用戶之間的動態與互動，而不是品牌與出版商的內容，對許多想要以廣告活動吸引用戶注意的人來說是個壞消息。同時，IG 的動態牆則從依照時間排序改成依互動排序。因此，雖然有數百萬人使用社群媒體，但要以品牌的身分觸及這些人，卻是難上加難。**對品牌與代理商來說，想從根本解決這樣的問題，就是找一個人當作管道，也就是，找網紅。**

對社群媒體來說，這也會是個問題，因為品牌跟代理商的錢直接進到網紅的口袋，而不是給他們。在直接的網紅行銷裡，平台是完全無關的，而 YouTube、臉書、IG、Twitch 也極力與內容創作者培養關係，希望他們仍然是平台的一部分。這些平台不只知悉消費者對於部落客到傳統明星的喜好，他們也很了解他們的產業根植於網紅所領導的娛樂業。儘管演算法針對他們的用戶需求做改變，他們仍然可以在這裡賣廣告、接業配、還是可以賺錢。

» 網紅實際上在做什麼？他們吸引人的點是什麼？

這些人是誰？他們的工作內容是什麼？網紅的意思是什麼？本章開頭的定義，大概是最接近、也最清楚描述大

眾對網紅這個角色的理解。實際上,網紅就是獨立的媒體品牌,專門深入的報導一件事:他們的生活。有許多人每天在各平台上傳自己穿的、吃的、想的、做的,也有內容創作者展現自己的工作,像是電動遊戲、手工藝,伴隨著偶爾出現的個人生活訊息。

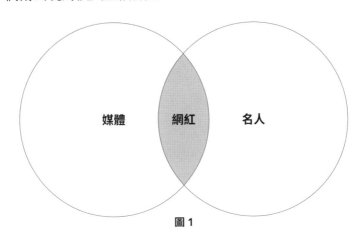

圖 1

圖 1 一邊是名人,另一邊是媒體,重疊的部分就是網紅興起的地方。跟傳統媒體一樣的是,他們都分享資訊;不一樣的地方是,他們的資訊全為個人觀點。

跟名人的粉絲一樣,他們的訂閱者、粉絲想要過著跟他們一樣的生活;但跟名人不一樣的是,他們的生活更能引起共鳴、更平易近人,這就是在 YouTube 跟 IG 上活躍的網紅。推特的定位則不大一樣。推特網紅通常善於針貶

時事，能以幽默的方式即時回應。他們吸引人的點不是因為粉絲想要模仿他們的生活方式，而是他們想要參與、或者收看網紅提起的話題，因為這些網紅與傳統新聞品牌相比，動作的時間更快、也更頻繁。這就是為什麼許多推特上的熱門網紅都是報紙專欄作家、廣播主持人或者媒體評論家，因為他們很接近時事，而且他們的工作就是對這些時事發表意見。

不管他們活躍的平台為何，網紅能夠直接與粉絲對話、定期更新、並產生互動，持續出現在觀眾的生活中建立信任感。他們分享成就、承認失敗、記錄他們的日常。他們關心日常瑣事、觀眾熟悉的事物，以及生活上的里程碑，讓粉絲覺得擁有網紅的第一手消息。這不是精心編撰的媒體，而是所思所想的即時直播。

IG 是其中的例外，在 IG 初期，生活類網紅傾向於在平台上展現完美的自我，也導致數百篇社論聲稱大眾相信濾鏡下的生活會招致危險。也有人拿 IG 跟時尚產業相比，因時尚產業鼓勵了不切實際的身體認同。根據皇家公共衛生學會 2017 年針對 1,479 名介於 14 到 24 歲的青年做的心理調查，IG 對人的心靈健康危害最大。該報告指出，用戶會因平台上的內容「比較、覺得失望」，導致焦慮和憂鬱。IG 在 2016 年推出限時動態功能，讓用戶能夠發表

限時 24 小時的圖像或者影音，也改變了網紅使用 IG 的行為。他們在 IG 上的九宮格仍然是精挑細選、套了濾鏡，但他們的限時動態卻更自然、私人煩惱、熱門話題、也展現出更真實的一面。IG 親子網紅、前臉書員工兼 Mother of All Lists 網站創辦人 Clemmie Telford 說，IG 推出限時動態，讓人們在精心挑選的貼文中能鬆一口氣，以日記的方式使用 IG。她補充：「永久的貼文沒有什麼不好，但限時動態讓 IG 披上真實的一面。」

這個真實的一面對於想成功的網紅而言很重要，尤其是對那些想要建立起社群的人，而非只是好看、記錄他們的美照以及使用的產品的 IG 型錄。網紅分享真實的經驗與挫折，像是人工受孕失敗、心理疾病、或者財務上的困境，能夠激發出更多對話，讓粉絲知道他們也可以分享類似的經驗。

2017 年，網紅 Telford 決定分享先生破產的經驗，立刻收到許多同樣面臨財務危機的女性捎來訊息。從那時候起，她記下她婚姻諮詢與孕期心理諮商的過程。她說，之所以如此開誠布公，是因為她心中有個目標，想要以「誠實為基礎」來記錄生命。提到她宣布破產的時候，她說：「在經歷那段危機的時候，我還沒有準備好討論這件事，但我開始講的時候，我發現不管我寫什麼，都成了熱門話

題，你永遠都不知道別人在經歷的事情，最能夠感同身受的人，往往也是你最想不到的那群人。」她補充：「每個人對於會破產的人都有一種既定想像，我們忘了其實每一個人都有可能破產。」對於她與先生接受婚姻諮商的這件事情，也收到同樣程度的熱烈回覆：「我也沒想過討論會這麼熱烈。我跟我先生很快樂，但這就是婚姻嘛，人就算到了天堂，也還是可能會打架啊。」

有些網紅公開的接納「真實的濾鏡」，提供討論的空間，分享他們遇到的重大挑戰；有些人會邀請粉絲參加私人生活的聚會，通常是非常重要的事件，像是婚禮、生小孩、分手。舉例來說，洛杉磯 YouTuber 兼喜劇演員 Colleen Ballinger（藝名 Miranda Sings），與 vlogger Joshua Evans 決定在 2016 年結束八年的婚姻，她透過 YouTube 公開了這個消息。她說：「我總是把生活裡面的所有事情跟你們分享，你們也是我跟 Josh 這段感情裡很重要的一部分」「你們有權利知道發生了什麼事」。時間快轉到 2018 年，Ballinger 透露她懷了新對象 Erik Stocklin 的小孩，並記錄生產的過程。

2016 年，倫敦的生活 vlogger —— Patricia Bright 與丈夫 Mike 在 YouTube 上發表她生下 Grace 的影片，內容包含坐救護車、生產過程以及小孩誕生的那一刻，Patricia

禱告、Mike 剪去臍帶。在醫院的病床，Mike 對鏡頭說：「這絕對是我人生中最開心的一刻。」在我寫書的此刻，已經有 150 萬人看過那段影片，寫給這對夫婦的留言有數千則。

在網紅的世界裡，生產的 vlog 絕對是見怪不怪。事實上，YouTuber Emily Norris 甚至更進一步分享這種私人的時刻，在生第三胎的時候，她在臉書上直播生小孩的過程，成了英國第一個直播生產的媽媽。

包括人生重大事件在內的日常紀錄，是以線性方式描述，網紅的觀眾能不斷參與其中，因為這些內容跟他們高度相關，或者能引起強烈情緒，鉅細靡遺，在一連串故事之間也沒有空白。不過，這種「真實層面」的紀錄也對商業有利。網紅因為分享自己的生活跟粉絲建立起的關係，跟名人或者傳統媒體與消費者相比，更像朋友一般，因為粉絲跟網紅能夠雙向、人與人之間溝通。這帶到另一個網紅實際上做的事情：他們更接近反饋迴路。

在網紅發表的各種平台上都有留言的欄位，因此他們能立刻處理粉絲的反應。這大概也就表示，網紅的價值不僅在於他們創造內容，還有他們發表內容之後與觀眾互動的能力。另一方面，內容只是故事的引子，與粉絲對話也就表示他們能夠跟觀眾發展關係，讓人感覺親切。品牌或

者名人沒辦法做到這一點。品牌受到溝通指南、語氣的限制，而且傳統媒體步調慢，還得層層簽核，名人也沒辦法回應每一位粉絲。而且，對於某些等級的名人來說，像是碧昂絲好了，他們在乎的是保有神祕感。

因此，就商業上的角度來看，網紅能讓品牌更親近消費者，這在品牌自己的平台上是無法做到的。網紅跟市面上的品牌與名人不同，他們的首要目標就是與粉絲分享各種近況、建立社群，事實上，這可能也是他們工作裡最主要的功能，特別是當他們想要累積粉絲的時候。他們回覆留言、提供個人電子郵件信箱，鼓勵粉絲更深層的互動，基於觀眾提出的批評或者要求來製作內容。

有趣的是，某些生活網紅會使用不同的平台，展現或強調自己不同的那一面。例如，男性生活路線的 vlogger 常採用的手法，是在 YouTube 上發表搞笑、美食、聊天等內容；在 IG 上發表時尚穿搭；在推特上則跟進時事，討論熱門議題，發表他們的政治觀點，鼓勵粉絲投票，或者分享電視節目的心得。

相較之下，他們在推特的發言更有趣，在這個平台上他們也能更自在的表現。第一個原因，是因為他們很習慣這樣的內容形式；第二，是因為推特上的商業合作機會比較少。基本上，他們在推特上比較不會想維持品牌喜歡的

形象，少了一些壓力。不過，隨著一些網紅的舊推特推文被挖出來，也傷害一些知名網紅的品牌形象。我們可以確定的是，這種在推特上隨意的風格以後會越來越少見。

舉例來說，2017 年，Zoe Sugg 因為自 2009 ～ 2012 年所寫的一些恐同、階級歧視的推文被翻出來，收到不少批評的聲浪。藝名 Brother Nature 的 Kevin Pena，在 2011 ～ 2012 年間寫過一些厭女、反猶太主義的舊推文也被挖出來，因此關閉他的帳號。兩位網紅都稱自己曾經年幼無知，很快的就恢復正常工作。但對於其他人而言，舊推文被挖出來，在商業上的影響就大得多。以 Amena Khan 為例，她在 2018 年被發現 2014 年的推文中批評以色列在加薩的戰爭，因此退出萊雅的美妝網紅小組，而萊雅也支持她的決定。

網紅在不同社群媒體上展現不同的個人特質，也反映出要在各平台取得數字、在商業上取得成功所需要的條件。例如，IG 適合用來發展光鮮亮麗的時尚或者生活美學，這些行業也穩定增加其 IG 的廣告預算，打造出有如雜誌拍攝一般的廣告。YouTube 則需要活潑、特別的幽默感、誠實，再加上「體驗」的感覺，無論是口紅試色，或者公路旅行。網紅在各個平台上發展出不同、但大略一致的個人特色、外表以及敘事風格，就能夠有效的替自己

的品牌賺錢，制定具凝聚力的內容計畫，而不是試圖將多種風格的內容放在同樣的平台。

» 網紅怎麼賺錢？

　　首先，談談網紅如何將內容商業化。每個網紅做的內容、賺錢的管道，走的路線跟商業模式都不相同。有些人是部落格和 YouTube 的早期採納者，之後才使用推特和 IG，他們的平台已經開始賺錢，與品牌建立合作夥伴關係、寫業配、辦活動和使用聯盟行銷，也就是如果消費者透過網紅的連結購買，網紅就能獲得佣金。Vlogger 也可以從 YouTube 收費，費用多寡與廣告收入以及影片觀看次數有關。同時，串流媒體平台 Twitch（以網紅直播電玩聞名）允許觀眾支付訂閱費，其中一部分會直接付給內容創作者。不過，這種捐款大多數是出於觀眾的愛心，因為 Twitch 內容其實是免費的。

　　對於網紅的賺錢模式，最常見的批評是，網友認為他們收錢、透過社群媒體推廣產品，會影響到他們的真實性，畢竟「真實的一面」以及看似缺乏商業計謀，是粉絲一開始相信他們的原因。這也是網紅跟傳統媒體相比吸引

人的原因，因為品牌與媒體的商業交易不免俗的會影響編輯寫的內容。舉例來說，如果一個品牌在出版物的某處下了廣告，雜誌方就可能會在一些頁面推廣產品，但最剛開始的時候，網紅只是跟粉絲分享對粉絲有幫助的東西。平台變得商業化，也就測試網紅與粉絲的動態關係，網紅也得採取更加透明化的手法，點出他們購買的產品是否為自費、贊助或者付費推廣。的確，英國的競爭與市場管理局規定，網紅必須如實揭露他們是否收錢推廣，若他們曾經與其提到的品牌合作，即使在非贊助的內容上也必須提到他們曾經合作的這項事實。

話雖如此，粉絲仍然能夠對於他們接業配這一點大肆批評，如果網紅推薦一些粉絲認為若不是廠商付了錢網紅才不會推薦的東西，粉絲對他們的信任也會下降。舉例來說，2018 年 Alfie Deyes 推薦一款 Daniel Wellington 的錶，有一位追蹤者嘲諷：「他買了卡地亞手鍊，怎麼會搭配 Daniel Wellington 的錶呢？」

不過，這種批評是否合時宜呢？傳統媒體已經這樣操作了數十年。旅遊編輯寫的度假勝地心得，通常是公關公司、旅行社、飯店集團規劃的媒體行程，費用全包。先前我也提過，廣告主占了出版商編輯內容很大的一部分。既然消費者接受這樣的報紙、雜誌行銷，為什麼來自網紅的

行不通？原因有兩個。

第一，大家認為網紅就是一般人，期望他們行為跟一般人一樣，大眾普遍不覺得網紅是獨立的媒體品牌（雖然這就是他們在做的事）。第二，網紅的平台商業化，點出網紅跟粉絲間的關係有種令人不快的真相：粉絲的付出，讓網紅賺錢。不管這段關係是如何構成、互動多密切，這並不是友誼，整個架構之所以存在，也是因為業務需要。舉例來說，在之前提到 Colleen Ballinger 生小孩的影片，也順便推廣她出的口紅。網紅提供娛樂、友誼的假象，但這就是他們的工作。儘管我們能夠全盤接受不具個人身分的媒體所推出的廣告，若廣告是來自某個「人」，就很難接受。

不過，贊助內容並不是網紅從粉絲獲取收益的唯一途徑，他們也踏足傳統媒體，像是出書、廣播、或者上電視。背後的邏輯是，如果他們可以將大量觀眾從新媒體帶到舊媒體，舊媒體便能大大的受益。舉例來說，Zoe Sugg 的第一本書《線上女孩》（*Girl Online*）是 2014 年賣得最快的書；有關娛樂的非小說精裝書《誠摯邀請》（*Cordially Invited*）則是她 2018 年的暢銷書，不過書的內容因太過簡單而遭受批評（她教導讀者下雨的時候要用傘）。2017年，YouTuber Alfie Deyes 的《無意義的書》系列在銷售額達 390 萬英鎊。Sugg 的弟弟 Joe 在 2018 年成了 BBC 節

目《舞動奇蹟》的決賽者，之後便常出現在一些無線電視節目。YouTuber Eman Kellam 因為捉弄爸爸的影片爆紅，但他的終極目標是在美國電視台主持深夜秀。很多網紅想在傳統媒體獲得成就。

諷刺的是，當傳統媒體積極調整策略跟內容，想要在數位平台上得到更多觀眾時，形塑數位平台的人，也就是網紅，正向傳統媒體尋求機會以證明他們的才華，也能夠以更直接的方式賺錢。對許多人來說，社群媒體是達到目的的手段，目的是成為主流。另一方面主流之輩，不管是名人、模特兒，甚至是報紙編輯，培養社群粉絲的壓力與日俱增。

除了製作內容外，許多網紅還經營企業並開發產品，這些產品是基於他們粉絲的喜愛而成功。當網紅受到廣泛關注，取得像名人一樣的成就時，這種作法最容易成功。他們的受眾更像是熱情的粉絲和收藏家，相信自己必須全盤接受網紅的所有內容，立即分享到自己的社交平台。對粉絲來說，成為網紅社群的一部分，是他們網路身分的關鍵要素，也就是他們在 IG 或推特介紹時會寫的內容。為了因應這個需求，網紅會幫粉絲取暱稱，在 YouTube 界中特別常見，名為 The Ingham Family 的 vloggers 鼓勵觀眾使用 #iFAM，成為他們的一員；美妝 vlogger Imogen

Hudson 則叫粉絲使用 #hunnies。正是因為這些狂熱的核心粉絲，使網紅在社交平台以外的事業獲得成功。儘管有許多人在他們在網路上熟悉的領域開發產品、或共同打造產品和業務，也有人利用自己的名氣，獲取個人利益並培養新的人才。YouTuber 兼播客 Marcus Butle 把歌手 Maisie Peters 簽到他的娛樂公司 Stripped Bear 旗下，讓 Maisie Peters 成功成為年度突破性歌手，她的歌現在每個月在 Spotify 有數百萬次點播。因為 Marcus Butle 公開挺她，讓 Marcus Butle 的觀眾覺得有必要支持她，所以去下載她的音樂，關注她的 IG、看她的 YouTube 影片。

» 為什麼「網紅」一詞有誤導之嫌？

「網紅」這個用詞之所以有問題，在於它根據明顯可觀的線上人氣、觀眾規模、按讚次數跟留言數，做為個人能夠實際影響消費者行為的證據，將人們與線上內容互動量化，認為這些人會照著意見領袖的建議行動。事實上，追蹤某人、喜歡他們的內容或者留言，是相對微小的承諾。如果某人建立起一個社群，粉絲跟他互動、跟彼此互動，表示這些人已經成功建立穩固的敘事空間，讓大家能

自在的在這名網紅的內容之下分享他們的故事。這很厲害，也具有價值，因為這名意見領袖的平台已轉換為這群人的數位目的地，能提供歸屬感。

然而，這並不表示該名網紅能替品牌把粉絲轉換為消費者。他們在平台上賣產品也冒著風險，或許會使他們創造出來這個受信任的空間變得不穩定。《泰晤士報》專欄作家 Hugo Rifkind 在推特上有數萬人追蹤，他認為網紅這個用詞不妥：「就因為我有一些粉絲，並不代表我能讓任何人買我的書，或者其他人的書。我實在沒辦法藉推特使力。相信我，我試過了。」YouTuber 兼作家 Louise Pentland 承認，她產出內容的目的是溝通，而非影響。時尚部落客兼作家 Katherine Ormerod 相信，網紅一詞會讓這個產業的工作者去人性化，她說：「儘管大家一直想把我們視為轉換率，但我們不是機器人。」她也擔心這個職稱範圍太廣，不吸引人、沒什麼用。「我認為會出現更明確的分界。」她說：「有些人專心以內容帶動銷售，有些人從行銷觀點切入，這是兩種工作。」她補充：「我們是斜槓的世代，不過還沒有人知道我們確切的職稱。」

Clemmie Telford 認為，這個用詞干擾了內容創作者跟觀眾間關係的本質：「我討厭這個用詞，好像我們凌駕於眾人之上，但我們其實想要的是同儕關係。」

生活部落客、IG 紅人 Mona Jones 也同意：「這個用詞的意思是你處在一個階級上，好像位於高處。但實際上，你的命運完全掌握在你的粉絲手裡。」

　　為了讓網紅具備賣產品、提高粉絲意識的能力，並獲得投資報酬率，品牌必須做到兩件事。第一，辨別這些網紅的根本影響力，他們在哪些領域獲得觀眾的絕對信任？第二，確保跟這些領域互動的人口背景，與他們想要行銷的產品相關。認為網紅的頻道可以輕易的商品化，就是大家對社群媒體目的的誤解之一。行銷人、品牌想透過網紅賣東西，實際上這些人之所以存在，是為了娛樂、溝通與告知，本質上就是說故事、與故事互動。在這個娛樂、傳達資訊的過程中，可能會產生銷售這種副產品，但除非這些網紅能先成功的、完美的傳達出至少其中一種效果，否則這些銷售都沒辦法發生。而且，若這些網紅沒有一群核心粉絲，對他們非常忠誠、也相信他們講的故事，他們也沒辦法一再重覆做到這些事。粉絲追隨某位網紅越久，就越能確定這位網紅是否能提供值得信賴的資訊。

　　目前大家對於網紅充滿幻想的第二個問題是，認為他們能夠一次影響所有的粉絲。事實上，**網路名人跟權威影響者兩者有別，前者較屬於娛樂性質，而後者因為公認的專業知識，贏得粉絲的信任與熱愛。**

　　這類網紅的目的是分享生活，這就是他們的全職工作。他們的存在是為了講他們的故事，也善加利用這項與眾不同的專長。大眾吸收這樣的內容，就像是看電視一樣，他們被故事、關係、即將發生的事迷住了。看網路名人的內容，就好像在看實境秀，這些內容的威力就在於主角之間的對話，而且這些事情發生在很熟悉、或者不那麼熟悉的情境。不過，實境節目經過剪接、確保觀眾能看到這些不同「角色」最精彩、最戲劇化的片段，網路名人可能每天分享冗長的 vlog，內容從洗碗到逛雜貨店無一不包。他們所產製的內容更像每日更新，如之前所述，「真實的層面」很重要，而不是以戲劇內容嚇嚇觀眾。

　　舉親子 YouTube 頻道來說，這種頻道就是紀錄日常生活的普通家庭，以兒童為主的品牌，若跟這種內容創作者建立商業關係就很合理，但一般來說，會訂閱這些內容的人通常是青少年。他們不是因為想知道如何經營家庭才看這些影片，而是覺得這些家庭很有趣。因此，若認為這些數百萬訂閱者就是精準的數百萬名消費者，那大有問題。

　　雖然網路名人能夠讓自己的商品銷售一空，要他們將消費者推向商業夥伴，難度可大得多。在與網路名人聯繫之前，你必須確定有哪些觀眾把他們的內容當作娛樂，那就可能就是主要族群，以及有多少比例的粉絲，實際會去購買與他們內容相關的產品。

　　這些人具備公認的專業知識，因為在擅長領域擔任受信任的權威，贏得數量可觀的粉絲。這種人可能不會在頻道上分享大量的私人資訊，但無傷大雅，雖然數位名人的資產就是展現各種好壞的一面，權威專家之所以存在，就是告知粉絲他們推薦的產品、潮流、最新的計畫與靈感。他們是代表好品味的明燈，提供粉絲工具去模仿他們的能力跟風格。他們的影響力通常已存在一段時間，可能在社群媒體竄起之前，就已經建立起在業界的聲望，或者身為社群平台的早期採納者，成為值得信賴的資訊來源。

　　以室內設計家兼作家 Rita Konig 為例，她替《Vogue》、《Domino》或《華爾街日報》等刊物撰寫設計內容而出名，也是她同樣有影響力、為室內設計師的母親 Nina Campbell 的助手。她先做了這些事，才成立自己的工作室、累積可觀的 IG 粉絲、成立線上商店、還有一系列的跨國工作室。她的粉絲非常相信她的建議、她的權威，因此她的 IG 就成了有力的銷售頻道。她也替《房屋與花園》雜誌寫專欄，一腳踩在傳統媒體、一腳穩穩的踏在數位媒體。她個人在室內設計的經歷到現在的成就是一趟清楚的歷程，值得信賴的出版刊物展示並替她的作品背書，這兩者結合的成果，就是非常有擴散力、權威、不可質疑的品牌影響力。

進階剖析 **網路名人與權威影響者的交集**

　　一個人或許能同時具有網路名人及權威專家的身分，但品牌必須充分了解這些人的影響力在哪裡。如果他們的權威影響力是基於數年的部落格寫作、拍 vlog 建立的，而且他們的受眾持續與他的作品有高度互動，就證明他們的粉絲相信他們的專長。他們雖然也會分享自己生活的重要細節，但這種網紅具有某種觀眾十分信任的專長。各品牌想要藉由這點做廣告的話，如果產品剛好與這個領域相符合，就可行，達成良好成效的機會很大。舉例來說，Jack Harries 從拍 YouTube 頻道 JacksGap 的旅行 vlog，轉型到製作喚醒人們環保意識的內容（大多是氣候變遷）。表示他長期對這個議題的投入，他是純素主義者、支持並推廣純素產業、參與反抗滅絕等環保運動，在社交平台分享的大多數為氣候變遷的內容，相較於他其它發布的內容，他的粉絲對這類環保內容的互動很多。

　　除非這些人已經建立他們的權威，否則跟網紅在新的產業合作，風險極大、是相當冒險的。Vlogger Tanya Burr 從 2009 年就開始在 YouTube 上發表生活類的內容，她原是專業化妝師、專長為美妝，累積了數百萬的觀眾，分享的內容五花八門，包括經痛、對抗焦慮症等，粉絲橫跨各平台。她也表達了想當演員的夢想，接受訓練並更新她的進度。但她在 2018 年演出由無界劇團製作，茱蒂．厄普頓的戲《信

心》時，門票並沒有賣光，而且評價很差。雪片般的評論探討這種用「噱頭」選角是否有助於票房銷售。Burr 做為網路名人雖然可以吸引數萬名粉絲的注意力，但這似乎無法說服她的觀眾從線上追隨到線下，進入這個她尚未建立名聲的場域。

任何內容改變都可能引起線上觀眾反感，更別說請他們移駕到線下活動。喜劇演員 Grace Helbig 在 YouTube 上有數百萬名訂閱者，當「E！」電視邀請她去主持深夜秀，表面上看起來似乎是聰明的作法，也許能吸引現有的大批觀眾到她的頻道，特別是節目保證內容將與她的 YouTube 頻道一致。殊不知 Helbig 的粉絲並不買單，他們想看的是在她家客廳的娛樂內容，而不是在電視台棚內所拍攝的。八集之後，節目就草草收攤了。

本章的結論是，網紅最初始的定義現仍存在，就是藉由關於自己生活的數位內容，建立一群會互動的觀眾。不過，這個詞應該是名詞，或者認為這個詞能描述網紅的功能，但它不是動詞。雖然能夠透過互動的數字、按讚數、留言數、粉絲大小，代表網紅在網路世界有多紅，粉絲也認為其內容具娛樂效果，但這不全然代表他們有能力將粉絲轉變為消費者。

受歡迎跟影響力不一樣，提供娛樂性跟擁有權威性也不一樣。與判斷網紅所依據的指標相比，影響力難以量

化。部落格和社群媒體的早期採納者，網站 Style Bubble 的創始人 Susie Lau 在 2011 年接受《Business of Fashion》採訪時簡潔的指出這一點。當被問到，她究竟賣了什麼給合作的品牌，她回答：「這是無形的。」儘管有許多技術開發人員宣稱他們有可預測和衡量影響力的解決方案，但事實仍舊如此。

- 網紅一詞，指的是成為獨立媒體公司的個人。某些人對於某些品牌的銷售可能有影響，但大多數的人經營平台的目的是娛樂及告知。若他們贏得觀眾的信任，或許能影響消費者行為，但無人能掛保證。

- 網紅產業之所以崛起，是因為消費者已經從傳統媒體轉移到社群平台，追隨記錄自己生活的個人，而不是從報章雜誌、有名望的出版公司汲取資訊與靈感。他們選擇步調快速、互動性的群體，而非單一、具權威的意見。

- 不斷變化的數位環境，讓線上廣告觸及消費者變得更加困難。超過四分之一的網路用戶安裝廣告阻擋軟體。2018 年，臉書演算法更新，將個人內容優先於品牌發布的內容。意思是來自「個人」的訊息更有可能被看到。

- 網紅們並不喜歡「網紅」這個用詞，主要有兩個原因。第一，這暗示一種分層結構，代表網紅比追隨者更強大，而網紅認為這並非事實。第二，這個用詞太籠統，每個網紅做的事情可能完全不一樣。這用詞也有效的拓寬一個充滿活力的市場，在一定程度上要歸功於市場多樣性。

- 網紅產業的快速商業化和成長，導致各個行業推動嚴格的廣告指南，他們認為消費者並未充分意識到，在很多情況下網紅是收費在推薦商品。

- 這種透過贊助內容、導購連結以及業配的商業行為，將使網紅與粉絲的關係變得不穩定。因為這點出粉絲雖然好像跟網紅成了朋友，對網紅來說，只是商業行為。

- 大部分的粉絲會訂閱網紅的內容，為了娛樂，像看電視一樣看他們的作品。這些網紅的觀眾量很大，他們是數位名人。

- 權威影響者是指具明確背景和專業知識，並以此來經營頻道的人。受眾相信他們的判斷力，這也使得他們可能比數位名人更具影響力。

2‧網紅怎麼辦到的？

　　他們沒有預算，資源也很少，但是他們想辦法超越品牌和傳統出版商，進而在多種平台建立大量忠實的觀眾。網紅是如何做到的？成功的網紅又採用了哪些策略，以確保品牌能一直延續？

　　首先值得注意的是，最有影響力的網紅為部落格和vlog 的早期採納者，他們開始獨立製作內容，記錄生活和興趣，這些內容在 2004 年至 2012 年之間出現，當時網站還沒那麼多。例如，在 2005 年，活躍的部落格約有 1千 4 百萬個。到 2010 年，數量增至 1.33 億。截至 2019年 1 月，光在社群網路平台 Tumblr 就有 4.56 億個部落格。現在的網路環境已經不可同日而語，充滿嘈雜噪音、凌亂無章，也就是說，在 2000 到 2010 年開始發表內容的早期採納者，毫無疑問，更可能成為獨立的內容創作者。在對的時間出現在對的地方，永遠不要低估這樣子的力量。

　　但他們的成功並不只是因為這圈子缺乏競爭，或者他們搶在時代的前端。跟 2014 ～ 2015 年才出現的 IG 紅人比起來，他們分享自己的生活時間更久，也就是說，他們建立起來的成就更強。他們的觀眾可能在這些網紅還是青

少年的時候，就參與並看著他們的生活，可能一起度過一些里程碑，像是上大學、感情、事業失敗或者成功，但這些里程碑還有更大的意義。我看過這些早期的獨立創作者的內容，能夠辨認出一些他們如何吸引粉絲不斷回流的策略。以下六個策略讓網紅在網路上發光發熱，將興趣轉變為職業。

» 策略一：自助式建立品牌

自助法（bootstrap）意思是利用現有資源，並應用DIY、快狠準的哲學來發展。對於早期網紅來說，也就是像 WordPress 和 Blogger 網站，有人利用家裡的相機創建 YouTube 頻道，拍很陽春的影音。他們有意識或無意識的使用最低限度的資源建立品牌，並且先憑藉著自己的個人特色，確保讀者和觀眾對他們的作品覺得親近，能夠繼續閱讀，觀看和重複造訪。

結果呢？品質粗糙、業餘水準，還充滿拼字錯誤、模糊的照片跟不一致的情況。不過，那就是當時網路的樣貌，在 IG 盛行、也沒有我們現在手裡的高規格智慧型手機之前，對於那些在網路上分享生活的人來說，沒有人要

求他們必須表現完美。況且，這些早期採納者也不是想要跟傳統媒體競爭，或至少一開始他們並不是想要譁眾取寵。因為他們想成為部落客、vlogger，跟同儕聯繫，所以他們發表的內容全繞著他們所做的、喜歡的跟買的東西上。Olivia Purvis 在 2010 年創立 What Olivia Did 部落格，她說：「我的部落格內容就是我有興趣的事物，也希望這些內容對讀者有所幫助。」

早期經營部落格跟 YouTube 頻道的網紅感覺平易近人、讓人喜歡，但看起來不像未來會有極大的發展。澳洲部落客兼創業家 Elle Ferguson 於 2007 年創建網站，內容是有關她喜歡的時尚拼貼板。她說：「想像一幅很大的拼貼圖。」「來自世界各地的靈感。」

值得一提的是，這個時期是在自拍盛行之前，雖然這些部落格通常以有如雜誌般的專業照片為特色，還未成為個人風格的寶山。事實上，2009 年 Lucy Nicholls 建立她的網站 Shiny Thoughts 時，一開始完全沒有放自己的照片，她說：「我就是寫寫手工藝心得，跟畢業製作時裝周有關的內容。」

Esther Coren2007 年建立她的網站，她記得當時很流行寫作。「好像每個人都有一個部落格，所以我想我也來開一個。」她說：「那個部落格是用來記錄如何做菜的，

我寫了七年。」

2000 年初期，網紅們在家寫作的內容跟現在所發表的套濾鏡、完美無缺的內容天差地遠。現在的網紅有好幾台相機、工作室、軟體組，許多成功的網紅背後都有專業攝影師拍照或錄影。網紅把自己當成獨立媒體公司，投資內容製作，因為他們有潛力賺進大把收入。

不過，在一開始的時候，他們並沒有想到賺錢，他們自我開發。他們反應快、回應也快、經常更新。雖然並不是說要不斷的更新，但對部落客跟 vlogger 來說，一週更新一到兩次文章或者影片，就算是很多產的作者了。對網路上的讀者來說，這些雜亂無章、但有共鳴的內容能帶來啟發、也很新鮮，主要是因為當時生活類的內容仍由每月出版的紙本雜誌占上風。雜誌品牌經常將太無聊以至於無法刊在雜誌上的內容刊在他們的官網上，部落客跟 vlogger 將網路視為公開的日記。他們的部落格可能是閒聊、意識流的想法、或者無關緊要的故事，但都很用心。他們的作品十分坦率，但因為有時缺乏專業，內容有點單薄。每一篇內容的出現，都是因為作者想在網路上占有小小的一席之地，他們大部分拍的影片或者網誌內容的格式，特別是以今日的標準來看，簡單得令人吃驚。

想想現在的 YouTube 影片：Logan Paul 在泳池騎水上

摩托車；Will Smith 坐直升機在大峽谷高空彈跳；一群完美無缺的生活 vlogger 用無人機拍影片分享他們在私人小島的經驗；Elijah Daniel 記錄 YouTuber Tana Mongeauy 在他臉上刺下「phag」這個字——這些精美製作的影片都是挑戰極限、讓人腎上腺素飆升、具爭議的。創作的目的，就是儘快獲得越多關注越好。

不過，在兩千年初期，早期的網紅是基於興趣分享，重點是樸實的描述，而不是有意識的打造自身的帝國。Susie Lau 可說是時尚部落客的始祖，2006 年她建立網站 Style Bubble，她說是因為太無聊了，所以開始寫作，想在閒暇時間做點有趣的事。Bryan Yambao 在 2004 年創立網站 Bryanboy，分享他跟家人去俄羅斯六星期的照片，揭開他線上發展的序幕。就連他一年後登上《紐約郵報》，都承認自己並沒有什麼遠大的計畫，只是在派對喝醉酒，所以傳了一些派對的照片到網路上。

寫部落格只是興趣，這也是 Zoe Sugg 開始自己的網站跟 YouTube 頻道的原因。她在 2009 年的第一支 vlog 為「我房間裡的 60 樣東西」，她真的就是一個一個介紹房間裡的六十樣東西，搭配當時為社群服務網站 Myspace 歌手 Kate Nash 的音樂。

Tanya Burr 是一名美妝部落客，教網友如何打造

《花邊教主》裡女主角瑟琳娜‧凡德伍森的妝容。Dina Tokio 記錄她去康瓦爾郡的小鎮布德拜訪奶奶。KSI 的影片是他在玩電動遊戲。

網紅早期作品的風格和產生出的驚人互動，在傳統出版商看來無法了解其價值，因為相較之下出版商的內容好太多了。他們專注於精確、卓越、以及既定的敘事規則：人、事、時、地、物。他們對主題下過功夫研究，寫出來的內容具備吸引人的點，以實質的內容建構出認真的新聞業。多種來源、事實、數據、明與暗。他們在具名望的出版社底下工作，出版值得信賴的刊物，具權威，也能請專業攝影師拍攝過目難忘的照片，配上文字。

他們認為部落客跟 YouTuber 不具威脅，這些人的作品是業餘水準，很快就會消失。澳洲每日電訊報前時尚編輯、現為品牌顧問的 Prue Lewington 表示：「傳統媒體一定認為部落客只是一時的熱潮。」不過，網紅不僅沒有消失，還先發制人的走向出版商前進的方向，也就是不斷互動、持續發表作品，這是品牌生存很重要的一點，也成了現在的常態。透過數年的故事分享所打造的個人成就，等同於品牌成就一樣讓人羨慕，並且具有價值。許多傳統媒體公司還在適應那種社群平台所要求的、時時刻刻發文的型態，但許多有名氣的網紅在推特流行之前，早就把這項

技能練得爐火純青。

在本質上，他們自我練就的品牌將持續反映他們與他們的特色。他們並非不斷計劃、買最棒的設備，而是直接著手進行。事實上，很多 YouTuber 最常從粉絲那裡收到的問題就是：「我要如何建立自己的 YouTube 頻道？」無一例外，他們總是回答，開始做就對了。不要想太多。沒有什麼 vlogger 的成功清單，就是開始做吧。部落客的手法也很類似。有數百萬受眾的 Vlogger 兼創業家 Patricia Bright 到現今仍非常喜愛網路，原因就是身為獨立創作者，她能享受速度跟自由。她說：「YouTube 最棒的一點就是，你可以想到一個好點子、拍攝、編輯、並上傳，全在一天之內完成。」YouTuber 兼作家 Louise Pentland 同意這點：「這個空間很開放，沒有什麼阻礙。」不過，他們的建議中少了一項，那就是在你開始之後，就不能停下來。

一致的調性、跟定期更新，都是建立觀眾的關鍵要點。以 Love Taza 的 Naomi Davis 為例，她在 2007 年開始寫部落格 Rockstar Diaries，記錄她以 21 歲舞蹈系學生兼人妻的身分住在紐約的故事。內容包含她先生 Josh、毛小孩 Kingsley，還有色彩繽紛但不張揚的衣著。一開始，她在部落格分享各種事情：她信奉摩門教、她是唯一在茱麗

亞音樂學院已婚的大學生，也後悔沒能在歐洲繼續習舞。在 IG 盛行之前，她每篇文章都是滿滿的照片，展現她跟 Josh 建立的生活，儘管內容並不是只有美好的那一面，這些文章能帶來能量、冒險，滿意自己的不完美，更讓人振奮。

當 YouTuber Zoe Sugg 開始拍 vlog 的時候，並沒有什麼遠大的計畫，僅僅是分享她使用的彩妝、以及她在後車廂拍賣會買的便宜玩意。她的生活平易近人，每週定期更新兩次，在房間上傳影音。跟她的青少女粉絲一樣，Zoe 也有一些煩惱、擔心、害怕改變。她不確定在畢業之後要做什麼，感覺迷失方向。跟預科學校的其他同學不同，她沒有去念大學，而是去做室內設計實習。她最剛開始的品牌訊息基本上就是，如果你對未來感到不確定，也沒有關係；如果你只想待在房間，但想化妝也沒有關係；因為這很好玩，而且享受好玩的事情沒有什麼不對。這可能是很簡單的訊息，但在當時並沒有其他人提出這樣的想法。

儘管一些以女性為主的媒體品牌現在也接受不完美的故事，認為這樣能夠讓人感同身受，激發線上互動，在 Zoe 開始發展的時候，這些媒體幾乎關心的都是女性的期望。雖然現在看起來很不可思議，因為現在有太多品牌跟網紅是因為類似的特點而發展起來，但在 Zoe Sugg 開始

她的網紅生涯時，她的觀點是反文化的。早期網紅吸引人的特點之一就是承認自己不完美，而且那些成功的網紅到現在也不會拋下這個特色。作者、造型師、生活部落客 Latonya Staubs（藝名 Latonya Yvette）表示：「雖然我不是分享我百分之百的生活，但我分享的那些內容，以及我分享的方式，就是我這個人。這就是我在這個地球上，生而為人，成為母親、過生活的樣子。所犯的錯、所做的一切。」

　　這種新型態、透明化、自發式的媒體，無法被大型媒體組織裡的人複製，因為在這些公司裡要做的事太多了。網紅掌握他們發表的權力，可以在他們喜歡的時間，做他們喜歡的任何事。而大型媒體公司有業績目標、層層批准，以及要遵守的品牌風格。早期網紅並沒有整體規畫、劇本、或者銷售簡報。許多 YouTuber 會開始建頻道，都是因為他們想要成為 YouTube 的一部分。許多部落客開始建網站，因為他們喜歡寫作跟拍照。不管他們選擇建立的品牌是在什麼平台之上，他們的共同目標就是溝通，他們也持續這麼做，因為他們很喜歡跟粉絲互動的感覺。他們努力做出微小、真誠和不完美的內容，成了他們的跳板，吸引數百萬粉絲觀看他們的內容，並與國際品牌建立起獲益甚豐的合作關係。

» 策略二：以觀眾為中心的內容創作

現在這個時代，大部分有成長目標的媒體網站都是根據分析工具的數據創作內容，因此如果某位名人的文章昨天表現不錯，今天就再發一篇，提供觀眾他們想要的內容，確保擁有大量網站流量。一名好的編輯知道該怎麼做，才能吸引臉書、推特、IG 跟電子報的受眾。

不過，儘管早期採納者會用一些分析工具，讓粉絲數成長，這些網紅也會問粉絲問題，而且最關鍵的是，他們將粉絲的答案聽進去。事實上，那些極為成功的網紅花了許多時間拍攝粉絲想看的內容。他們接下來想要什麼？上學妝容的教學？跟我一起準備出門的影片？他們急切想了解觀眾的問題，也想要幫忙解決這些問題。Bright 解釋自己在 YouTube 迅速竄紅的原因，她說：「人們想要產品評比，也有很多新品牌上市，我就繼續製作那類的內容。舊粉絲可能會覺得看膩了，所以要取捨新粉絲跟舊粉絲想要的內容。」

2011 年，Violet Gaynor 與友人建立親子網站 The Glow，一直到她把品牌放到社群媒體上，才了解到與觀眾互動有多重要。她與共同創辦人 Kelly Stuart 決定將網站上的留言功能關閉，因為網站的內容有小孩，他們認為

這樣對整個網站來說比較安全。不過，粉絲的回饋才能讓他們確認，他們所做的內容就是目標市場想要的，也得到情感上的回饋。「我們發布社群媒體帳號時，粉絲給予的互動，讓我們了解到有多少人想要、也需要我們做的內容。」

這就是傳統數位媒體增長與網紅粉絲增長之間的巨大差異。前者只關心獨立訪客、停留時間和跳出率，也不會關心其內容所引起的感受。是的，某些名人的故事可能很受歡迎，但網友會點進來，很有可能是因為他們不喜歡這個人，想要留下一些批評。因此傳統媒體建立的許多網站，就成了惡意批判的地方，像是在推特上的唇槍舌戰。

網紅跟粉絲關係密切，事實上，負評帶來的大量點擊，對他們的事業有害。他們的網站、YouTube 頻道、社群媒體之所以成功，就靠他們打造出的那種大家都是朋友的感覺，而網紅就位在樹的頂端。一開始在建立受眾群體的時候，若讓受眾感覺網紅不真誠、或者態度差勁，網紅所建立的品牌可能就會無法成功。信任與安全感，是驅使事情發展的最大重點，因此，**網紅與讀者或觀眾之間的雙向交流，便是維持粉絲喜愛、忠誠度最有效的方法**。這就是為什麼許多網紅看似內容平淡，或與真實世界脫節，也鮮少分享可能會帶來爭議或者爭執的看法。有些人可能對

於時事沒興趣，但有些人可是有意識的避開這些敏感話題。舉例來說，Bright 承認她不會討論政治議題，她說：「我不是說政治不重要，但我的頻道不是討論政治的地方。」

Joe Sugg 在 2011 年開始他的 YouTube 頻道時就清楚知道，他不會做任何帶有一點點爭議的內容，這樣的堅持也讓他過得還不錯。他的粉絲因為喜愛他而聚在一起，因此在他的影片或者社群媒體下少有衝突性留言。對網紅來說，一群崇拜你的粉絲比較好管理，你的商品會被搶購一空、作品的內容風格清晰明瞭、也能對年輕的讀者或者觀眾提供安全的社群。這對於 YouTuber 來說特別重要，因為他們大多數的粉絲未滿 18 歲。對某些網紅來說，引起爭議是他們品牌的重要內容。這些人的粉絲數量龐大，並且在建立起數量可觀的核心粉絲後，就能夠利用他們的能力，引起輿論。

最佳的例子就是 Logan Paul 跟 KSI，這對雙人組在各自的頻道上都有數百萬粉絲，也跨足電影、音樂、體育界。最一開始他們無意間發布了具爭議的內容。他們似乎並不了解他們跟外界的隔閡，因為兩位網紅都是在 YouTube 網紅的泡泡之中成長。不過近年來，爭議成為他們品牌的重要部分。在一場在 2018 年被大肆宣傳「最大的網路盛

事」的兩人拳擊賽之後，接下來他們的合作也隨之展開。儘管他們互稱看彼此不順眼，他們的觀眾對於衝突的反應最大，也就是說，衝突對業務來說是好的。他們的粉絲會特別在兩位 YouTuber 中選邊站，認同自己選的那一邊，是帶有部落主義的行為。

雖然像 Bright 在她早期美妝評比的 YouTube 頻道上避免爭議，KSI 與 Paul 則會繼續走這樣的風格，因為這種風格會帶來流量成長。《Vogue》前編輯、新創公司 CEO 兼身心健康網紅的 Calgary Avansino 認為，現在的消費者期待的，是早期網紅那種供需的成長策略，她說：「人們現在已成為他們所觀看的媒體的重要部分，在當代的媒體，觀眾並不只是被動接收就好。」

» 策略三：了解內容累積的深度

在網紅興起之前，有一些編輯規則為「說故事」下定義：內容要充滿細節、簡潔，也要有明顯的開頭、中段、結尾。以清楚明瞭的方式說故事，帶點聰明跟機智。如果你不夠聰明、不夠連貫，不被認為是傑出的作家，你就不是在說故事，句點。

這也是網紅打破的另外一種典型。他們沒有到雜誌、報社找工作，取得說故事的發言權，他們自己決定自己的故事就是那個值得被傳頌的故事，他們也會獨立執行。這也是一項長期的計畫，如果你的故事將持續好幾年，就代表你沒辦法簡潔的講這個故事。部落格與 vlog 就像這個持續更新的故事的一部分，跟傳統新聞或者寫作相比，更像連續劇。重點是，不管怎樣，持續進行，即使你過了很無聊的一週，也沒有特別想說的，都得講些什麼。他們的故事是持續、而且不會完結的故事，這是他們吸引人的一點。

　　對 Purvis 來說，這種不間斷的紀錄很輕鬆，因為這是她人生中唯一她全然投入並有共鳴的事情。她說：「我經歷大學退學、實習，這是唯一我能夠產生熱情的事情。」這種打破常規的例子，也是對網紅世界不熟悉的人感到困惑的另一件事情。他們熟悉的專題報導就是充滿現代精神的資訊、採訪、事實。為什麼人們想要讀或者看這類的內容？獨立來看，網紅單一的貼文或者影片說好聽一點就是關心自己的事，而糟一點的，就很無聊。不過，網紅了解數位媒體一個最關鍵的重點：累積的深度

　　你可能會想說：「那專欄作家呢？」他們也長期一點一滴的提供內容。但請記得網紅創造出的新規則：

A. 內容雜亂無章

B. 沒有清楚的開頭、中段、結尾

C. 現在最熱門的主題

　　每一天，網紅都在各平台交錯發布訊息，累積深度，有些是有意識的、計畫過的，並以 vlog 與部落格的形式出現，但其它內容則是曇花一現。臨時起意的推文、跟朋友一起喝醉酒的 IG 限時動態，網紅感覺讓人可以透過窗戶看到個人真實的一面。每週的專欄相較之下就比較單薄，就算這位作家很會用推特也一樣。最用心於累積深度的網紅就是每日更新的 vloger，不管發生什麼事情，每天記錄他們的生活。

　　YouTube 頻道 SacconeJolys 就是藉由累積內容達到極大成功的最佳例子。這個頻道是由一對愛爾蘭夫婦 Anna 跟 Jonathan 主導，記錄一家六口住在薩里的生活。他們品牌的副標為「生活就是由小事組成」，因此他們的百萬觀眾陪著他們去玩親子遊戲室、約會之夜以及美容院。他們見證了這對夫婦的人生里程碑，像是他們第四個小孩的誕生、他們的婚禮、以及他們買房子的過程。他們看到這家小孩踏出人生的第一步、並在 Anna 產後憂鬱症的時候傾聽並給予支持，在這家人從新興的 YouTuber 發展成國際品牌時，還幫他們熱情加油。當 Anna 在 2016 年懷孕

11 週卻不幸流產時，在網路上得到的同情迴響非常大，許多觀眾一起分享自己流產的心碎經驗。

這種累積的深度，代表 SacconeJolys 的訂閱者真誠的花時間在他們的故事上，這不是他們能夠輕易割捨的一部分，因為這是他們自 2009 年就開始追蹤、互動的故事。所以，他們參與了重大里程碑、重要回憶或者憾事，他們也會去看 Jonathan 跟小孩玩在花園裡玩鬼抓人，對每一則更新都看得津津有味。不過，不只每日更新的 vlogger 從累積的深度受益，在各大社群媒體上，比較不常更新的 vlogger 大概每週更新一次，也吸引了很多人，觀眾想知道他們過去七天都做了什麼大小事。

這種網紅會巧妙的將內容投放到他們的粉絲不會錯過的事情上，YouTuber Lydia Millen 就很會用這一招。她每週日晚上發布 vlog，鼓勵她各種社群媒體的粉絲一起「喝杯茶休休息」。每日更新的 vlog 平均為 20 分鐘，而每週更新的影片可能長達一小時，實際上，這也打破千禧世代注意力很短的這種說法。Michalaks 由一家四口組成，媽媽為 Hannah、爸爸為 Stefan，他們明確的想打造出更像電視、而非 YouTube 節目的每週 vlog。他們的影片風格明確，有幽默的配音，加上傳統的 vlog 與搞笑片的橋段。是什麼讓他們跟一般每週更新的 YouTube 影片不一樣呢？

是製作。他們專業的聲音跟剪接，表示他們的訂閱者期待為了看更新，以及高品質的娛樂內容而回訪。

部落客呢？隨著人們對視覺、直播跟影片的關注越來越多，許多部落客已經放棄了他們的網站，轉向社群媒體的懷抱，想要累積深度。IG 已經成為放照片搭配大量文字，也就是寫部落格的地方；限時動態能夠讓你分享影音內容，也不用在 YouTube 上累積觀眾。部落格是很多網紅剛開始跟受眾累積深度的地方，現在已經變成文筆拙劣的業配文集散地。當網紅已經成為正當職業，網紅的動機就從溝通轉為賺錢，而 IG 就是賺快錢的地方。

只有人——也就是網紅——能夠採用累積深度的策略，因為這樣的策略需要個人特色、魅力，以及克服困難。訂閱者跟粉絲因為很簡單的理由持續觀看他們的內容，因為他們喜歡這個創作者或者這個角色，而不是因為他們非得需要網紅分享的資訊。

» 策略四：真心時刻

消費主義帶動許多網紅內容，像是分享產品、他們喜歡的東西、居家裝潢，**這種維護與受眾之間的親密感，就**

是真心時刻。透過這些影片，網紅將粉絲拉進他們的親密空間，儘管他們是在非常多人觀看之下公開做這件事。這也強調出一個訊息：他們跟粉絲一樣，都是會遇到困難的一般人。這也是很值得強調的一點，因為隨著他們越來越成功，他們的生活也變得更加多采多姿。

隨著網紅與品牌合作逐漸受到矚目，大眾開始批評他們的商業合作內容，並感嘆早期網紅不會想要賣東西給粉絲。YouTuber Jana Hisham 在 2010 年開始她的個人頻道，她強調：「你沒辦法當一個平易近人的角色，如果你現在過的生活比較豪奢，就跟個人逆境或者個人成長沒有什麼關係。」為了要讓這種關係持續發展，網紅必須提醒粉絲，他們也是一般人，諷刺的是，這也是為了讓粉絲購買他們推廣的產品。

在真心時刻，網紅通常會分享一些他們在孩提時期影響他們的經驗，像是遭到霸凌、或者從厭食症康復。不過，若你認為深入的私人內容只是為了維持人氣、利用人心的手段，這也不完全正確。別低估網紅所創造出來的討論空間，他們能夠不顧禁忌讓粉絲談一些重要的議題，像是孤單、憂鬱、焦慮，在社群媒體崛起之際，早期網紅就是這種開放式手段的先驅。

舉例來說，YouTuber Nathan Zed 將他覺得自己沒有

價值的故事轉換為產品線，而他做的「你還不夠好」影片，也引起跟自我信任相關的熱烈討論。他的粉絲承認，他們為了追求完美、或者是想成為理想中的人而感到壓力，這讓他設計出第一款連帽運動衫跟 T 恤，上面就印著口號「Good Enough」（夠好了），2017 年推出時迅速銷售一空。他在 2018 年又推出兩個新系列，其中一個還搭配 Spotify 心靈健康音樂的播放清單。

YouTuber 所製作最具影響力的那種真心時刻，通常是出櫃的故事。這些影片往往是他們第一次跟觀眾聊到這個話題，包含他們對於自己性向的感覺，他們發覺自己是同性、雙性或者泛性戀，以及他們如何跟父母報告出櫃。

YouTube 遊戲頻道 DangThatsALongName 的實況主 Scott Major 在現實生活中已經出櫃，但他直到 2018 年才在網路上公開。他說：「我覺得我應該跟觀眾說，以及對那些還在為性別認同掙扎的人，利用我的平台向他們伸出援手，讓他們了解身為 LGBT ＋並不需要覺得丟臉，或者害怕。」

「我是一名年輕、開心、成功的男同志，在我成長的過程中並沒有太多這樣的人，我希望告訴大家，我不會被我的性向局限，它仍然是我很重要的一部分。」在他發布出櫃影片後，收到大量粉絲的電子郵件、推文，表達他們

的支持。 Scott 的真誠，讓他們能夠討論他們的性向。他表示：「就算只有一個人，能夠因此更接受自己是什麼樣的人，我就達到我的目的了。」不過，並非每一次真心時刻都是重大宣布消息。有些網紅會發一些低調的影片、貼文、分享他們某天因為事業或者教養上遇到的挫折。也有人會採用比較長期的策略，持續更新某件私人的話題。

在網紅中，戒酒是一個越來越熱門的話題。YouTuber兼部落客 David Gibbs（妻子是 vlogger Ebony Day）在他的網站 Confessions of a First Time Dad 上，分享他從酗酒到成為新手爸爸的過程。包含了他信教、與憂鬱症對抗，以及自從有了女兒之後如何看待他的人生。他除了在部落格上寫較長篇的更新，也在推特、IG 上分享戒酒的里程碑。

身兼記者、專欄作家、活動家、社群紅人多重身分的Bryony Gordon 則是在全國性的報紙《每日電訊報》、IG跟推特分享她從酗酒到戒酒的旅程。她發表的內容包含她發現自己酒精成癮、進勒戒所的經驗、她採取包括自我接納和日常鍛煉等方法，重點在使自己心情平靜，而不是使整個人越縮越小。

另一種真心時刻，像是分手影片，對許多網紅來說是必然的，因為很多網紅彼此約會，如果他們不再花很多時間在一起，就很明顯。觀眾提出的問題跟留言到達高

峰時，他們就會發布一支影片，說明他們的關係結束的原因，以中止大家的猜測。網紅情侶分手的事件，會激起很大的回應，就像是 Ben Brown 與 Nicole Eddy、Will Darbyshire 與 Alexa Losey、Emily Canham 與 Jake Boys 這些人的影片一樣。

早期 YouTube 網紅夫婦 Tanya Burr 與 Jim Chapman 逆勢操作，在 2019 年透過 IG 限時動態宣布他們離婚的消息，也表示他們不會公開離婚的細節。不管網紅在真心時刻的主題是什麼，格式倒是千篇一律：可能是一篇長長的、接近意識流的部落格文章，或者對相機講話的獨白、講故事並回答問題。有趣的是，儘管在後者，通常是生活類型的網紅，許多人會在影片下方標註他們所穿的衣服的連結。他們在談的可能是敏感話題，但仍舊是商業的一環。

》策略五：品牌重塑、品牌重塑、品牌重塑

2007 年左右，許多網紅開始產出內容，他們所取的別名、部落格名稱或者頻道名稱可能極為女性化，也可能與當時熱門的遊戲或者流行文化有關。隨著時間過去，他們的粉絲也長大了，這些網紅覺得原本的名字現在不適合了，

無法代表自己的品牌。所以他們怎麼辦呢？他們重新取名。

品牌重塑是網紅一項重要的能力，也就是為什麼他們的內容感覺很即時、迅速。對許多人來說，這就是在各社群媒體、新的網站、新的字型跟設計，或者是新的重點。從 2015 年開始，原本聚焦於時尚或者美妝的網紅，逐漸轉向「生活類」的大傘之下，也就是說室內裝潢、旅遊、美食，以及某些人會遇到的婚姻、懷孕、親子教養。這讓他們能夠自在的分享生活更廣泛的層面，也成為許多潛在品牌合作的對象。

同時，那些從分享電玩遊戲影片起家的遊戲玩家，也從《國際足盟大賽》系列遊戲畢業了，開始玩一些最新發行的遊戲（《Apex 英雄》、《要塞英雄：大逃殺》、《戰地風雲》系列、《決勝時刻》系列、《命運》和《英雄聯盟》）。除了遊戲評論影片，他們能直播的 Twitch，或者 YouTube 分享遊戲實況。

在大型品牌重塑後，網紅通常會解釋，他們不想再製作跟以前一樣風格的內容，或者相信是時候更新一下平台了。對於生活類的網紅來說，改名代表著拋棄他們以前身為青少年覺得很酷的名稱，使品牌跟本人同名。就連 Zoe Sugg 都與她的頻道 Zoella 做出區隔，Zoella 指的是她的企

業，而任何跟她本人有關的，則是使用本名。

當網紅重塑品牌時，重點是改造他們的平台，使他們的內容跟生活保持一致。以之前提過的部落客 Naomi Davis 為例，最早她的部落格名稱為 Rockstar Diaries，寫她年輕的新婚生活，分享她的混搭風以及她喜歡的產品。不過，當她生小孩後，她的重心改變了。時尚不再是重點，取而代之的是親子教養、育嬰室設計以及在紐約如何撫養小孩。在那個時候，她的平台改名為 Love Taza。

無獨有偶，Esther Coren 關閉她從 2007 年開始的料理部落格，於 2014 年發布綜合生活網站 The Spike。她說：「當我已經變不出什麼菜好煮，也不想再討論食物的時候，這樣的改變是很合理的。」

網紅不怕改變，特別是 YouTube 的早期採納者，可能已經改變過好幾次方向，開新頻道、在失去興趣或者想做新事物的時候就把頻道關掉。

政治喜劇 vlogger Taha Khan 說：「我第一個 YouTube 頻道是跟跳舞有關、後來做了一個遊戲的。我在 2013 年才開始想做喜劇，因為感覺很好玩。」

Major 表示，如果一個頻道不再吸引觀眾互動，他就會停掉那個頻道。當他建立 DangThatsALongName 時，他想要將重點放在拍短片跟 vlog 的內容，但後來轉移到

《當個創世神》及其他電玩上。他說：「那是我真正喜歡的領域。」

　　網紅品牌塑造可能是漸進式的、微妙的，像是大學畢業、結婚、生小孩或者其他更戲劇化的里程碑，包括新的品牌名稱、網站跟 logo。事實上，動作快的網紅能夠抓住觀眾的注意力長達十多年之久，因為他們時時跟著潮流變化。他們在改變，他們的平台也在改變。跟一般的品牌不一樣，網紅的品牌永遠不是靜止的，而是隨時在發展。

» 策略六：建立網紅生態圈

　　了解網紅是如何打造出巨大的粉絲群，喜歡他們獨立、自助精神的品牌，同時也要記得這一點：**他們並非單打獨鬥**。YouTube 在早期的時候，創作者人數不多，有一些不緊密的夥伴關係。他們會舉辦粉絲聚會、一起製作影片、甚至一起住在世界上某個地方。除了紐約跟洛杉磯之外，YouTuber 界的首都應該是英國布萊頓，就舉英國三大網紅為例，這裡是 PewDiePie、Zoe Sugg 跟 Alfie Deyes 住的地方。他們在彼此的影片下面留言，在真實世界當中成為朋友。畢竟，他們在做的事情很特別，在當時也很少

人了解或知道其中價值，因此跟一些價值相仿的同好互動、合作也是很合理。YouTuber Hisham 提到：「最成功的合作來自真實世界的朋友。」

在部落格的世界也很類似，部落客會在各種場合見到彼此，坐在旁邊，時間久了就成為朋友。Lucy Nicholls 回憶，藉由真實世界的一些機會下見面，形成生態圈，之後就能發展出讓人驚喜的計畫。她與 Wish Wish Wish 部落格的作者、早期網紅 Carrie Santana da Silva 在大學修同一堂課認識。「我很崇拜她，她在部落格的鋒頭浪尖，帶著我一路往前走。」她說：「她叫我要自己拍照、把照片放大。」

因為共同修過媒體課，她跟 Santana da Silva，還有跟部落客 Purvis and Kristabel Plummer 成了好友。他們創立 The Bloggers' Market 購物節，這是能夠賣衣服、舉辦創意講座的活動。這群人持續一同創作，但 Nicholls 是唯一一位決定不走正職網紅的人，她說：「我並不後悔，我不覺得我的定位強到能夠變成正職，而且我還想研究其他的事。」

2013 到 2015 年之間，在 IG 也發生了一樣的事。隨著 #squadgoals（團隊目標）的網路風潮開始流行，也就是網紅朋友一起製作內容，生態圈就這樣建立起來，藉由

彼此的跨頻道製作，他們的粉絲數量以可觀的速度增長。他們發現，透過兩兩一組，或者多人合作，分享的快樂勝過獨自擁有，而且每一個網紅也變得更吸引人，因為他們不只在家裡過著有趣的生活，也能夠環遊世界、跟同樣吸引人的朋友一起出去。團隊目標對於生活網紅來說是加分，對於電玩跟娛樂網紅來說幾乎是必備。許多遊戲為多人玩家模式，因此導致有許多玩家一起的挑戰影片出現，對這類 YouTuber 來說很常見，就需要多人合作。

以 Sidemen 為例，這是一組由遊戲界的 Yotuber KSI、Vik Barn、Simon Minter、Harry Lewis、Tobi Brown、Joshua Bradley 跟 Ethan Payne 所組成的團隊，他們一起住過很多地方、在 Twitch 直播遊戲實況，一週接受一次挑戰。

Jack Mason（也就是 JackFrags）跟老友 Two Angry Gamers 一起玩遊戲。不過，2018 年 3 月，遊戲界的終極團隊目標出現了，那時 Drake、Travis Scott、Juju ，與專業玩家 Tyler Blevins（也就是 Ninja）在 Twitch 玩《要塞英雄》。

多位遊戲玩家直播的吸引人之處，在於不同玩家的評論跟聊天。很有用、很有趣、能產生共鳴，也反映出觀眾在生活中的真實經驗。

這個生態圈的缺點值得注意。一組五人團隊、各有

一百萬粉絲的網紅，但相加起來並不等於五百萬粉絲。在網紅之間，有許多搶朋友、或者是互捧的情況，實際上，有許多人會追蹤或者訂閱生態圈裡面的每一個帳號，不過，當邀請網紅去媒體團或者邀請網紅參加活動時，要了解生態圈的力量非常重要。如果你的評斷正確，就會有一群了解如何一起做內容、觀眾也相信他們是好友的人。

偶遇如何演變爲網紅生態圈

　　身為新手媽媽，在 2014 年的倫敦所能參加的最時尚的活動，就是參加 Mothers Meeting 網站的社交活動。這個網站是平面設計師 Jenny Scott 所創立，最主要的賣點就是針對那些有了小孩、但還是熱愛工作的職業婦女。

　　這樣強大的網紅生態圈最有趣的一點，就是這些生態圈往往是從部落客或 vlogger 在真實生活中成為朋友後偶然開始。因此，碰巧，Clemmie Hooper、Clemmie Telford、Steph Douglas 跟 Zoe de Pass，四位英國最強的親子網紅在 Mothers Meeting 活動認識之後，才各自累積了可觀的 IG 粉絲。

　　他們一起建構現代母親的形象，包括維持少女認同，以及承認育兒並不是像照片中那麼完美。很開心，但不是事事完美。Telford 說：「這是一個真正的時代精神，我們許多人已經開始用 IG，主要是出於我們自身的理念。」她補充：「我們成了真正的朋友，因為我們都了解，雖然我們都喜歡小孩和工作，那真的是很難。」

　　她們在網路上經常討論工作，而這是從 Mothers Meeting 開始的。Telford 說：「我們討論的內容是有遠見的女性、剛好身上有一個寶寶，女性能多討論她們的工作，是很重要的一件事。」

　　對 Hooper 來說，Mothers Meeting 讓她鬆一口氣，她說：「我

想『終於人們對女性有興趣，不只是因為我們是母親』。」在接下來的幾年，這個團體有 Anna Whitehouse（網名 Mother Pukka）、Natalie Lee 一起加入活動，因為互相成為朋友，大量出現在彼此的內容。不過，在 2017 年親子網站 Mumsnet 的討論串當中，有人批評這群人的生活方式跟賺錢的方法。這時候，《每日郵報》稱她們為 IG 媽媽。

Hopper 說：「我們的友誼不只在 IG 上，我們的先生也相處融洽，我們每天都在 WhatsApp 上聊天。有些人就是不相信一群女性能做什麼事，真的很奇怪。」

◆案例分析◆ 五位早期採納者的部落客成功故事

• Huda Kattan

　　2008 年，Kattan 在杜拜辭去金融業的工作搬到洛杉磯，開始接受化妝師的訓練，並撰寫美妝部落格。但她的父母很失望。他們是移民到美國的伊拉克人，希望她能學醫或法律。不過，她在 2013 年發行美妝系列 Huda Beauty，商品包括美妝、香氛、假睫毛，據《富比士》雜誌 2018 年的估計，價值超過一百萬英鎊。Huda Beauty 因為色號眾多而受到好評，這是她認為這個品牌很成功的主要原因。

• Emily Weiss

　　Emily 任職於美國《Vogue》，因此她的部落格 Into The Gloss

在 2010 年上線之後，很快就成為大家必讀的內容。她不僅有一大票知名的受訪者，也了解細節跟品牌的重要。這些經驗建立起她的影響力，讓她的網站出眾。當時她每天早上五點起來寫內容，然後才去上班。2014 年，她公開她的美妝保養品牌 Glossier；2019 年，發布了專注於色彩的姊妹品牌 Glossier Play。後者發行的同一年，該公司的價值為 120 萬英鎊。

- Leandra Medine

在 2010 年，Medine 在到職《紐約客》三天後，就開始寫她的時尚部落格 Man Repeller，並架在數位生活網站 Refinery29 底下。背後的概念為：提供給那些女性喜歡、但男性無法忍受的東西。Man Repeller 現在已經是完整的媒體品牌，擁有編輯團隊，經常與時尚品牌合作，在 2016 年還發行一個鞋子品牌 MR by Man Repeller。

- Margaret Zhang

2009 年開始寫部落格 Shine By Three 的 Margaret 當時僅 16 歲，這位雪梨長大的網紅最初的動機是來自她對時尚的熱愛。不過，近年來，她是一名多產的造型師、創意總監，與《美麗佳人》、《哈潑時尚》等雜誌合作，也擔任路易威登、Uniqlo 的品牌顧問。她因為在數位行銷的表現亮眼，也擔任全球廣告的要角。

- Tavi Gevinson

Gevinson 年僅 11 歲就開始她的部落格 Style Rookie，內容是她誇張的打扮、以及對潮流的評論。《紐約時報》很快就注意到她的部落格，她接著便參加巴黎及紐約的時裝周。2011 年，她的時尚女權網站 Rookie 上線了，也以網站的精彩內容出版四本年鑑。網站雖然在 2018 年下架，但 Gevinson 成了演員，重點轉移至劇場、電影，偶爾以自由作家的身分接案。

本章重點

◐ 現在最知名的網紅為社群媒體、部落格的早期採納者，在人數還不多的時候就進入數位世界。不過，走在時代的前端，並不是他們維持人氣的唯一原因。經過幾年的故事分享，他們已經累積了一些成就，有很多粉絲可能在十多年前就開始追蹤他們的故事。

◐ 早期網紅與傳統媒體娛樂觀眾的方式背道而馳，因為他們的敘事方式能讓觀眾產生共鳴，和當時的生活出版品追求的美好生活不一樣，網紅穿的是平價服飾、討論自己的不完美。簡單來說，他們就跟一般人一樣，了解定期產出的力量。

◐ 不應該單獨看網紅的每一篇內容，而應視為長篇、連續、長期下來製作的作品。他們所產出的深度是他們的價值之一。

◐ 品牌再造才能讓網紅的創作內容能夠反映人生階段、或者方向的改變，這是網紅重要的一點特質。他們不害怕改變，持續記錄自己的生活，而且有些人可能在青少年時就開始創作，如果平台還保持原樣，就會失真了。

◐ 許多早期網紅透過數位生態圈吸引更多粉絲，而這是透過在真實世界中跟人做朋友開始。在彼此的內容露出、跨平台的合作，這些網紅就能提高辨識度。不過，值得一提的是，在任何一個生態圈裡面，觀眾重疊的機會很高。

3‧ 一門有影響力的生意：變現網紅產業

　　早期網紅已經累積了一些觀眾，正在建立一種新型娛樂產業面貌，以影音、部落格主導，不斷與讀者或觀眾互動。不過，直到 2012 年左右，替自己的網站跟社群創作內容，還只能算是嗜好。那些有賺到一些錢的人，也承認這只是他們在本業、傳統職業之外的額外收入。生活 vlogger 兼作家 Louise Pentland 在 2009 年開始寫部落格，2010 年開始 YouTube 頻道，但一直到 2012 年才賺到錢。她說：「我當時只是兼職的櫃檯人員，所以我想如果我能一個月多賺五百英鎊，邊寫寫部落格，我就覺得還不錯。」網紅能夠談到五位數英鎊的酬勞，這種想法在那個時候簡直是痴人說夢。Pentland 說：「我的目的不是賺錢，是想做出人們喜愛的內容。」YouTuber、部落客、作家兼創業家 Patricia Bright 同意這點：「以前的目的不是為了賺錢，而且當時也沒有能夠發展成商業模式的策略。」

　　雖然早期網紅並不是為了賺錢、將人氣轉換為收入，但有另一批人在觀察他們的崛起，以及這種崛起對品牌所代表的意義。這些人成了第一波的網紅經紀人，一群能屈能伸、積極的機會主義者，想將驚人的觀看次數跟粉絲人

數轉換為有說服力的簡報檔，好取得贊助合約。他們將網紅的故事視為商品，人們對網紅有明顯的需求，他們跟一般經紀人比起來更像是銷售員。事實上，這些早期的產業人士仍然處於這樣的位子，積極保護他們客戶所售產品的價值。一位世界知名網紅的經紀人拒絕分享他的故事，因為他們藉由分享他們的故事，並不會賺到錢，賺錢的是出版商。沒有錢，就沒得談。要無報酬的分享他們的觀點，他們覺得不可思議，而且老實說，對他的工作也有壞處。

第二代的經紀人，來自現有的、專門培養人才的公司，或者已經在媒體圈工作的人。他們看到網紅部門的建立，或者併購網紅行銷公司，好讓自己在這一波新興的搶手市場中分一杯羹。他們來自行銷、廣告、模特兒、或者演藝公司，曾經安排網紅至傳統廣告，他們打造網紅的方式，就跟他們打造其他類型的人一樣。這無疑在這個產業添加了一點專業精神，也正是這領域所缺乏的，雖然結果並不一定大鳴大放。網紅習慣自由創作、他們創作內容的過程通常是反動的。他們人性化的一點就是他們的力量：他們講話的節奏、他們的缺點及誠實。但，隨著第二波產業商業化，出現了劇本、嚴格的規範，以及偶爾出現虛假的品牌交易。

談到品牌，品牌也越變越聰明，不但了解網紅行銷的力量，也親身體驗成功的合作能夠帶來流量、粉絲數與銷售。他們也敏銳的意識到文化的相關性，以及在更廣泛的媒體環境中每個人都有一席之地，他們要做出差異，以保持在流行尖端。與網紅合作能夠讓他們接觸到不同背景的群眾，使品牌透過網紅重新定位。

　　然後平台就出現了。顯然，針對合適的群眾提供他們在統計上可能互動的內容，這一點非常重要，因此讓網紅可被搜尋的、成長率的、受眾族群數據化的資料爬梳系統便紛紛出現。同時，另一群在科技、行銷的創業家發現在網紅行銷上，品牌與網紅之間的聯繫有些問題。他們解決的方法是推出線上市場，品牌可以委託物美價廉的內容，讓網紅將審核過的內容發表到他們的平台上。

　　由於缺乏標準化，那些試圖利用內容創造者的數位影響力和價值進行商業化的人仍然前仆後繼。有很多人認為，這就像美國舊西部熱潮一樣。實際上，網紅的收費似乎沒有什麼邏輯可言。另一方面，有些品牌願意在這些廣告活動中投入大筆資金，不惜成本獲取網紅帶來的網路人氣。

» 網紅資本化的第一波

2012 年，在利亞姆 · 奇佛（Liam Chiver）創立 OP 網紅經紀公司、成為旗下超級網紅 KSI 與 Ali-A 的經紀人之前，他是一名遊戲製造業的業務員。他說：「我們一天製作六百萬張光碟片，我跟遊戲界的人關係不錯。」

他是在跟太太生下第一個小孩時發現 YouTube 的商機。他在英國父母支持協會認識了一些也剛生小孩的夫妻，他跟一些新手爸爸在週五晚上一起打電動。他說：「我會看 YouTube，讓我功力進步，也學到一些技巧。那時候，我們在玩的是《決勝時刻》系列（Call of Duty, COD），我並不是任何 YouTuber 的粉絲，但我發現我的確一直看同一群人的影片。」

幸運的是，他在 2012 年 6 月與動視暴雪（Activision）的人、也就是《決勝時刻》的出版商，在業界最大的會議 E3 電子娛樂開了一次會。他飛到洛杉磯參加活動，在四處寒暄的時候看到一個眼熟的人。

「我看到一個邋遢的年輕人，走過會場，發現他就是我一直在看的影片的主角，叫 xJawz。」他說：「我看了他的識別證，他用一個假的通行證混進來，想獲得《決勝時刻》系列的業界資訊。」xJawz 是 YouTube 最早的遊戲

網紅之一，本名叫 Sam Betesh。他在 15 歲那年就開設自己的頻道，並制訂每天發布兩、三個影音的策略，在上面分享如何破關《決勝時刻》。

Betesh 立刻注意到奇佛的 iPhone 手機殼，上面有他喜愛的電玩遊戲，這是奇佛與動視開會的時候動視公司送他的禮物。奇佛把手機殼送給 Betesh，他說他會在他熱門的推特帳號上面道謝。「那個手機殼才兩塊美金，但對遊戲玩家來說，就是收藏的一部分。」在接下來的幾個小時，Chiver 發現因為 Betesh 的一個推文，他的粉絲多了好幾百個。他知道數位網紅的力量，但還不知道如何推進到這個產業，直到他隔年去了第二次大型會展：Gamescon。他送給遊戲 YouTuber Alastair Aiken（也就是 Ali-A）會場通行證，並介紹他在動視的窗口給 Aiken 認識，所以 Aiken 在動視暴雪的攤位站著玩了三天的《決勝時刻》。Aiken 的反應，讓奇佛了解他的下一步該怎麼做。Aiken 看著我的眼睛，說：「太棒了，我需要一個經紀人」

奇佛經歷過 3.5 磁片被 CD 取代的時代，他知道他賣光碟的時間也不多了。他說：「我想要在革命最剛開始的時候就參與其中。」「我接下來花了好幾週，試著跟我認識的各種產業做簡報。」因此，「魔爪能量飲」（Monster Energy）成了 Aiken 的贊助商，持續合作六年。

奇佛的高度熱誠、策略不多，使 Ali-A 的內容商品化。因為他是一個相信機會主義的業務，他看到機會，便積極行動。這不是傳統定義中的人才管理，做為經紀人的第一筆交易，他將重點放在找有預算、有興趣進行在 YouTube 推廣的公司，而不是從策略上使玩家變得更成功。不過，奇佛就像一支大槌子，正在開疆闢土，建造一個新產業。風暴公司的老闆西蒙‧錢伯斯 2014 年時開始與網紅合作，也稱讚奇佛這一點。「為了建立市場，在某些時候，你必須得做一些事情，但當時還沒有人理解其潛在可能性或機會。」

奇佛很快的找到自己的定位，跟那些最早與電玩 YouTuber 開始合作的品牌時間點幾乎一樣。他在 2012 年 8 月建立 OP 網紅經紀公司，在兩個月之內連續簽下 Olajide Olatunji（也就是 KSI）還有 Ali-A。我稍微講一下，他們兩人的職涯在他的幫助之下如何發展。《美國貿易刊物》在 2014 年所辦的投票中，KSI 打敗其他傳統名人，獲選為美國最有潛力青少年。★

此外，他跟 YouTuber Logan Paul 在 2018 年的一場拳擊賽中，激起一波消費的熱潮，美國網路媒體《商業內

★ Susanne Ault，「調查：YouTube 網紅比主流名人更受美國青少年歡迎」，Variety, 5 August 2014. Available at: https://variety.com/2014/digital/news/survey-YouTube-stars-more-popular-than-mainstream-celebs-among-u-s-teens-1201275245/

幕》估算該活動產生 1,100 萬美元的收益。同時，Ali-A是 2018 年 YouTube 上觀看次數最多的電玩網紅。儘管奇佛在網紅行銷尚未開始之前毫不猶豫的創業，他也承認沒想過現在會取得如此驚人的成功。他說：「我不知道這個產業能多大。一開始簡直是像打仗一樣，現在有時候也是，但有更多人認識網紅的價值。」

跟所有 YouTube 的早期採納者一樣，他的客戶一開始做影片的動機，是因為他們喜歡這個平台、喜歡跟觀眾互動。而現在，變成了工作。他說：「他們專注於成功，也一直做得很好，因為他們有行動力、恆心，製作出能產生共鳴的內容，與觀眾互動。這些人對粉絲發推文，回答他們的問題，關鍵完完全全就是互動。」英國恩德莫尚公司於 2016 年併購網紅管理公司 OP。

奇佛可以說是第一個看到電玩網紅市場潛力的人，但他不是第一個想要將生活類 YouTube 商品化的人。這個人是多米尼克・斯邁爾斯（Dominic Smales），網紅管理公司歡樂未來創辦人。他跟奇佛一樣，是業務、行銷出身，後來走進數位世界。他因為健康亮起紅燈，休息了六個月，重新思考自己真正想做的事情是什麼，而他發覺他對社群媒體有著很大的熱誠。2018 年，他接受美妝記者 Emma Gunavardhana 的播客（podcast）節目「The Emma

Guns Show」訪談，他說：「那時候臉書正爆炸式成長，而 YouTube 才剛開始受到矚目。」★

2010 年，一開始他於創立社群媒體顧問公司歡樂數位，斯邁爾斯定期與香奈兒合作，提供如何跟線上受眾互動的建議。是什麼讓他走向網紅圈呢？他看到 Samantha 與 Nicola Chapman 姊妹所創的美妝頻道 Pixiwoo。

他跟 Gunavardhana 說：「跟當時在 YouTube 上那些瘋傳的影片相比，這對姊妹所製作的影片幾乎每週都出現在 YouTube 首頁上，獲得更多互動、留言跟觀看數，我對這個現象感到佩服。」

這些影片裡面，來自訂閱者的熱情回覆就是讓斯邁爾斯靈光乍現的第一步，他將顧問公司歡樂數位轉變為網紅公司歡樂未來。他說：「觀眾會看這些人，不只是為了學習，還因為他們很喜歡他們，喜歡他們的生活及個性。」他開始替這對姊妹提供商業建議。她們之後又把他介紹給 YouTuber Tanya Burr、她們的弟弟 Jim Chapman 與 Ruth Crilly。他對 Gunavardhana 說：「感覺很像在打造家庭事業。」

★ Emma Guns，「Dom Smales：閃閃發光、信念與人才。」10 July 2018。Available at: http:// emmagunavardhana.com/the-emma-guns-show/dom-smales-gleam-belief-talent.

斯邁爾斯承認，他不確定網紅產業會往哪個方向發展，但他毫不懷疑這個產業即將蓬勃成長。「我唯一知道的是，這個產業絕對會成長。」

斯邁爾斯的公司從那時候開始就跟一些世界知名的網紅 YouTuber 齊名（該公司將旗下網紅稱為數位優先網紅）。儘管在 2017 年，有三位知名網紅停止和他合作（Caspar Lee、Joe Sugg 跟 Alfie Deyes），他仍然能夠持續跟多位知名 vlogger 合作，包括那些最早在斯邁爾斯創立公司就一起的人，以及多位有廣大粉絲的內容創作者，包含 Zoe Sugg 跟 Claudia Sulewski。

斯邁爾斯的觀點跟奇佛一樣，認為客戶如果能一直保持成功，是因為他們的態度。接受 Gunavardhana 的採訪時，他提到：「就是下苦功、專心致志。」

2017 年，歡樂公司從廣告代理商電通安吉斯集團獲得鉅額的投資，金額不公開。

» 產業正位於第二時期

如果說第一代經紀人開疆闢土、建立市場，在第二波時，這些人便搶著分品牌行銷的預算。在 2014 年，品牌

行銷已將網紅行銷的部分獨立成一塊。前面提到的西蒙‧錢伯斯看出市場日漸高升的興趣，因此就在同一年，他在國際模特兒公司風暴（Storm）設置獨立的網紅部門。

他說：「我不確定那應該算防守還是進攻，但很明顯的是，網紅產業正高速發展。」「有越來越多品牌跟YouTuber、網紅合作，我們看得出那個區塊發展得越來越精彩。」為了更了解這些新時代的人才，Chambers 在同一年參加了 YouTube 會議 VidCon。他回想起當時參加的經驗：「我在場完全聽不懂任何一句話。」「我是在場年紀最大的人，寫下幾百條筆記。我連續三年都會去參加，好補充自己知識。」

Chambers 因為參加了 VidCon，讓他跟競爭對手相比之下有更多優勢。儘管有許多代理商也想要簽下網紅，多虧了 VidCon，讓他很早就了解 YouTube 自己就是一個小世界。雖然他已經將影音平台的網紅納入公司旗下，他相信 IG 紅人的崛起，也使 IG 紅人跟 YouTube 網紅的分界變得更模糊。他說，在 IG 創造內容要容易得多，因此現在人人都可以，也都應該成為網紅。當提到這樣拓寬的市場如何影響到他創立的模特兒公司風暴，他說：「很多大型合約都要求模特兒也在社群媒體上面貼文。很多事情都融合在一起，但我們還是可以看出有大批社群粉絲的人，

跟擁有一項主要職業的人、或內容創作者的差別。」

因為風暴在人才管理和經紀方面已經建立特定流程，使得錢伯斯比較輕鬆，他可能不覺得網紅產業像「美國舊西部熱潮」，也沒有經歷到網紅經紀人和品牌之間建立信任的難處。

席・巴波・布朗是俠波網紅公司的創辦人兼總監，他認為品牌之所以不信任網紅，是因為網紅產業的第一時期是利益導向，有些網紅經紀人收費甚高，但產出的內容有時不符品質。「有些創作者」的經紀管理不當，而且還持續成為業界的不良示範，但我們逐漸走向一個階段，人們開始分得清楚誰是專業、誰是業餘人士。他說：「事實上，這應該很簡單，而且你不能每支 YouTube 影音都得付五位數英鎊。」

他也相信那種第一代的網紅管理對網紅本身有害。在他看來，非常少的英國 YouTuber 跨足到電視界，實在是「難以置信」，因為他們已取得全球性的成功，在大眾面前也待夠久時間。他認為 Joe Sugg 是「唯一」一位做得不錯的網紅，全都歸功於他有如明星般的登上 BBC 1 台的選秀節目《舞動奇蹟》。他說：「他表現得非常出色，對 YouTube 來說很棒。」

» 網紅科技：當資訊遇到連結性

在網紅產業的第一時期，無數個行銷平台上架，這類平台主要的功能是網紅識別，將數位資料量化成統計資料，判斷網紅經營的能力、廣告是否成功。這些平台是品牌跟代理商很重要的工具，讓行銷人員能夠對於他們接下來活動所需的廣告進行宣傳。反過來說，網紅也能藉由這些資訊在工作上替自己背書。這些數據對使用者很有幫助，因為他們能夠快速從一大票想要業配合作的內容創作者當中，了解到他們觀眾的背景、投放的成效。這樣一來，出現許多問題，因為這加速了內容的流失，許多網紅有非常多的合作客戶，他們可能隔天就跟競業品牌合作。基本上，這些線上市場讓品牌有了替他們發聲的人，可能對想要引起一些注意的大眾市場、快速消費品產業的品牌來說最有效，但對於精品或者小眾市場就行不通。

最著名的線上市場是 TRIBE，由前電視和廣播節目主持人由朱爾斯‧隆德（Jules Lund）創立，他在 2015 年推出平台時開創網紅市場模型。到了 2019 年，該公司在 A 輪融資獲得 570 萬英鎊，成功進軍美國，在澳洲、英國都建立起顧客圈。

市場上另一個競爭對手是由班‧傑佛瑞斯（Ben

Jeffries）創立的 Influencer。他 15 歲的時候就想到建立這個平台，這名年輕的創業家與切爾西足球俱樂部候補隊合作，推廣他的服裝品牌 Breeze。雖然他們創造的內容成效很好，但這些足球員很難聯絡得上，也不知道如何定自己的價碼。Influencer 在 2015 年上線，提供品牌數據洞見、查找創作者的工具、關係與活動經營軟體、以及活動回報能力。傑佛瑞斯的共同創辦人兼首席行銷長就是早期 YouTube 採用者凱斯柏・李（Caspa Lee）。

» 品牌渴求網紅的影響力

在這個時代，是什麼導致網紅管理的出現、線上平台的蓬勃發展呢？就是品牌交易和帶來巨大利潤的潛力，特別是那些剛開始了解數位內容的公司，每天都覺得自己落後那些快速成長的競爭對手，還有快步調的新創公司。因此，受市場歡迎的網紅就快速成長，成為品牌溝通的必備內容。

在澳洲，《每日電訊報》前時裝編輯、現為品牌顧問的 Prue Lewington 說，有六位數粉絲的網紅就像「名人等級的 VIP」。他說：「他們參加盛大、鋪紅地毯的活動，

在時裝週坐第一排，也參與聯名設計。」品牌最青睞的是IG上的內容，這些品牌的公關已經比較不看重傳統媒體，因為網紅在分享新聞、活動的時候，不會以「聳動」的標題下標。Lewington 說現在網紅能夠「最先看到」設計師的最新系列，比記者還早一步分享重大消息。

在阿拉伯聯合大公國也有類似的情況，不過當地長久以來，就習慣從有影響力的人士得到靈感。路易斯・妮可（Louise Nichol）在 2019 年以前是《哈潑時尚》阿拉伯文版（*Harper's Bazaar Arabia*）的總編輯，她覺得網紅在媒體圈「無比重要」，在某些時候地位甚至高人一等，因為他們可以獲得較多預算。

她表示：「即便是在數位時代的網紅之前，那些時尚達人也都是『真實的』女性：名媛或者創業家或者創意工作者（這個國家沒有超模 Kate Moss）。在阿聯，從非典型的名人身上學習時尚風格，已經行之有年。」

品牌希望網紅能夠跟產品產生連結，理由很簡單，因為這對於數位互動、成長跟銷售都有正面的影響，特別是時尚業。以洛杉磯的時尚零售商時尚新星為例，該公司的透過與名人像是饒舌歌手 Cardi B 合作厲害的廣告，以大約三千名 IG 紅人生產出來的內容，維持品牌動能，讓時尚新星從南加州小小的美國零售商，成長為 2017 年

人們最常在 Google 搜尋的品牌之一。該公司讓潛在客戶的動態充滿著時尚新星的數位內容，原本時尚新星在南加州只有五間店，後來連凱莉‧詹娜（Kylie Jenner）都推薦這個品牌。時尚新星 CEO 理查‧薩哈吉安（Richard Saghian）在接受貿易媒體 WWD 採訪時拒絕透漏利潤，但他說公司在 2017 年成長 600%。★

那一年，對總部位於曼徹斯特的線上零售商波豪而言也是很棒的一年。在 2017 年 2 月，也就是該公司的年度結算中，因為 2016 年大力在 IG 上行銷，利潤已經增長 51%。波豪的財務長尼爾‧卡托（Neil Catto）告訴《衛報》，為了提升品牌辨識度與產品，波豪合作的網紅類型非常廣，從名人到部落客都有。他說：「在 IG 上真是一發不可收拾」★

不過網紅影響的不只便宜的流行商品，高價位的商品也受益。因為網紅的喜愛，或者他們已讓人產生共鳴，或者讓人眼睛一亮的方式穿戴這些商品。Net-A-Porter 的數位編輯部總監珍妮‧狄克森（Jenny Dickinson）表示，網紅的街拍照片，比名人更能替品牌激起用戶互動。

★ Aria Hughes，「時尚新星如何贏得網路」WWD, 28 February 2018。Available at: https://wwd.com/fashion-news/fashion-features/inside-fashion-nova-cardi-b-1202595964/.

★ Rupert Neate，時尚零售商 Boohoo 與 IG 紅人合作之後，利潤成長兩倍」Guardian, 27 April 2017。Available at: https://www.theguardian.com/ business/2017/apr/26/boohoo-profits-nearly-double-celebrities-instagram-online- fashion-retail.

「我們跟網紅在街拍趨勢報告合作。」她說：「剛開始出版的時候，是一年兩次，但因為這個報導能夠激起瀏覽數和銷售量，現在是每月發行一次。」

狄克森相信網紅為時尚品牌帶來正面效益，因為網紅的內容能從視覺上教導受眾。

「網紅是很棒的靈感來源。」她說：「我在時尚界工作，但我也需要一些穿搭的點子，有人示範給我看要捲袖子或者加上珠寶。網紅示範這些單品穿搭的方法。」

» 網紅產業的商業化正在運作中嗎？

根據 Statista，2018 年單就 IG 上的贊助貼文就有 2,170 萬則，跟 2017 年相比攀升了 1,060 萬則。網紅的產業正在積極變現，價值數百萬英鎊，估計規模將越來越大。

不過，讓網紅產業變現的方法，其實對很多網紅來說都是讓人不舒服的真相。或許是因為這不是他們的主意，他們創立頻道，想要擁有他們能夠掌控的個人空間，而品牌的交易就代表他們上頭還有好幾個「老闆」要交代。不管看起來如何，本書中的數十篇訪問顯示，數位影響力變現所牽涉到的三方——也就是網紅、經紀人、品牌——各

自的目標都不一樣。網紅想要創造內容，並以內容收費，他們接受交易，繼續做他們喜歡的事情，但這經常被認為是必要之惡，而不是商業計畫的一部分。同時，經紀人可能是勇敢的機會主義者，或者是看到需求的供給商，他們替客戶爭取市場，或者是向他們已經待過的產業提供商品。品牌呢？他們最終的目的就是賣產品。沒了。

對有些網紅來說，透過現有的方式將作品商品化，可能得冒著失去觀眾信任的風險，他們認為風險太高，不願意去做。音樂人兼 vlogger Tom Rosenthal 拒絕他收件匣內的任何一個品牌邀約。「人們如果看到我的影片跳出來，手裡拿一罐豆子，真的很掃興。」他說：「人們對這種事情很敏感，而且讓人感覺有點走投無路。」

Rosenthal 身為創意網紅，他有好幾種變現的方法，讓他能夠全職做音樂、做內容創作。他與環球音樂簽出版約，從 2019 年開始辦現場演唱會，也發行過幾張專輯。不過，有越來越多的生活類網紅重新展開創業家精神，讓他們為自己頻道產出內容，而不像傳統出版商繞著他們已經創作的商品打轉，或者推廣那些品牌提供的內容。澳洲生活部落客 Elle Ferguson 透露，她的美妝產品 Elle Effect 受到粉絲喜愛，甚至不知道什麼時候開始就擁有數萬名粉絲追蹤這個品牌的 IG。「某個週日晚上六點半，我在客

廳跟男友一起創立了品牌IG。」她說：「三天之後，我收到三萬名粉絲追蹤，他們連我要賣什麼都不知道。這三萬人想要買他們根本沒試過、也沒看過的東西，他們就是想要。」

如果網紅能夠創造出這麼強的產品定位，同時鞏固自己的品牌，也不用擔心危害到粉絲的信任，那他們還需要業配產品嗎？就長期計畫來看，應該是不用。Pentland 對於產業商品化並非完全抱著批判的態度，但她認為，要產出有說服力的內容，管理期望值、教育品牌跟代理商商業合作應該長成什麼樣子，還有很長的一段路要走。

「如果溝通更透明、客戶跟創作者的距離越短，就能夠為合作帶來好處。」她說：「如果我能夠直接跟品牌或者代理商對話，就會好很多，畢竟這是雙向的。」

她認為品牌在網紅合作應該有的認知是，「你不是在購買廣告位置，你是在我的派對裡租一間房間，不是買一個看板」。

不管你問這產業裡的誰，常有人會一而再、再而三的提到教育問題。因為焦慮著要追上別人，有些相同的錯誤一直再犯。品牌的預算並沒有高效運用，而且網紅產業雖然被視為步調快、一直在改變，但其實根本沒在動。

巴波・布朗認為大家都覺得網紅行銷是需要不斷進

步的，但其實是個謬論。他說：「大家都跟你說，這行不斷在改變，但當你參加活動、會議的時候，就會發現問題都一樣。根本的原因，就是因為缺乏教育跟理解。」

儘管各品牌憂心忡忡，這也使他們能夠成長，因為對位於產業中心的人來說，還有很大的改善空間。現在的商品化模式似乎問題很多。網紅應該透過分享他們粉絲喜歡的資料跟數據，引領這個過程，改變廣告的走向，而他們卻被要求與自己的價值觀妥協，發布一些他們知道會讓互動下降的內容。

不過，Pentland、Rosenthal 跟 Ferguso 都是早期採用者中的菁英，他們率先加入社群媒體，學得也很快，發展出多種收入來源，現在就能夠坐享其成。事實是，在網紅產業中，有許多創作者無法有效賺到錢，也沒辦法從他們的社群平台賺到百萬英鎊。大多數人並沒有拒絕贊助合作，也沒有試著教育品牌，儘管他們的粉絲數量龐大，但還是沒辦法有效變現，進而讓他們靠著內容維生。不管在社群媒體上看起來如何，網紅產業裡並不是每個人都能賺大錢，或者過上奢華的生活。也就是說，為了向品牌展示他們能夠使產品看起來很吸引人，網紅應該要展現給粉絲他們會憧憬的生活方式，就算這跟現實有所差距。

Rosenthal 說的沒錯，業配內容帶來現金，但觀眾覺

得掃興。如同 2015 年一位 YouTuber Gaby Dunn 在一篇她刊登於 Splinter 網站、第一人稱、被網友瘋傳的文章中寫道，「賺錢或者 vlogging 已死：線上名氣的悲慘經濟」。她上傳品牌贊助的影音時，粉絲就會退追蹤，也公開批評，因為他們對她任何商品化的方法及她想要業配的這個決定感到失望。她透露她付房租有困難，只好賣衣服來貼補一些錢，也不敢相信自己會在社群媒體上記錄這些。自從 2015 年開始，網紅產業就流行「真實」，但她的粉絲並不想要每天看到這樣的內容。在文章中，她說她吃早午餐的照片跟她「想辦法找錢」的內容相比，後者「互動率還比較高」。

雖然 Zoe Sugg、PewDiePie 跟 KSI 在主流媒體，可以說是賺大錢 YouTuber 的代名詞，他們其實是特例。根據德國奧芬堡應用技術大學進行的十年研究，96.5% 的 YouTuber 一年從平台賺不到 16,800 英鎊。IG 似乎是最有效的賺錢管道，因為最快的賺錢方法就是品牌合作，價格也視具體情況而定，但即使如此，網紅接受業配的態度也有很大的差異，因此也不能說全部的人都有利可圖。大多數品牌在財務上仍憑感覺判斷，也沒有基於共享價值的標準定價，也就是說大多數網紅的變現經驗截然不同。

最能夠了解品牌跟網紅之間的摩擦，大概就是 Lucy

Nicholls 了，因為她身處於網紅產業的兩端。她是一名時尚部落客，在 2009 年建了她的網站 Shiny Thoughts，她也是英國時尚品牌波登的社群內容編輯，因此在這個工作上需要跟網紅合作。她除了在自己的平台上創造與品牌合作的業配內容，在日常工作裡，也常需要委託網紅業配。

她的建議是：「品牌需要了解網紅跟粉絲之間有種信任感，而這值得品牌投資。」

Oliver Lewis 在 2019 年推出 News UK 旗下的第五個網紅公司之前，花了一整年分析並解決產業內的問題。他相信要改變，方法就是要對每一方來說都有長期、更實質的合作，才能發展出更高的滿意度。不過，他不覺得這能夠一蹴可幾、全面性的發展。他說：「網紅行銷是品牌溝通裡面，最讓人驚豔、成長得最快的領域，但仍在萌芽階段。」他補充：「就跟所有快速成長的產業一樣，挑戰時時出現。」

他認為要如何才能使產業更好？「找出對的人才，打造長期合作關係，查證他們的真實背景，提供有意義的投資報酬率。」信任，仔細檢視網紅是否適合，加強溝通。都已經這樣做了，還能更糟嗎？

XJAWZ 的旅程：從網紅到大師

那位邋遢的年輕人 Sam Betesh ——也就是 XJawz，2012 年讓奇佛靈光乍現，發現他未來的工作方向就是數位媒體業。

他從 YouTuber 轉變為網紅行銷專家，替世界上最知名的創新品牌提供建議，包括小賈斯汀。他在 15 歲的時候創了他的 YouTube 頻道，在 12 個月之內，他的訂閱數從 0 成長到八萬。他曾經是 YouTube 上第二知名的遊戲玩家，以他玩《決勝時刻》系列的教學影片出名。雖然這個時期奠定了他往後的精彩事業，畢竟他是 YouTube 最早期的紅人之一，但他回憶起那段時光卻並不覺得開心。

「非常奇怪。」他說：「我在學校沒有朋友，所以我沒有人可以分享。我必須強調這一點。有五到七年的時間，我連半個朋友都沒有。」到了他 18 歲的時候，一些科技公司像是惠普、美商藝電會提供他機票，讓他拍廣告，他在那邊認識了那些他以前只在推特聊過天的電玩 YouTuber。他說：「那真的很棒」。過去，他每天每拍兩到三部影片，因此在交到一個想花時間相處的朋友後的七個月，他發現他精疲力竭，便放棄經營 YouTube。「我有點太累了。」他說：「我對於做影片覺得很累。」不過這並沒有持續很久，之後他從大學休學，一年大約做出 100 支影片，然後在 2012 年才完全退出 YouTube。「我覺得有點焦慮，好像我已經是大人，但心態上還是小孩，沒有

一技之長，也沒有完整的生活。」不過他也相信他有可能跟遊戲YouTuber Ali-A 一樣的成功。「他就是我原本可能成為的樣子。」這兩位 YouTuber 某一次在舊金山替某位饒舌歌手提供社群媒體經營建議的時候見到面，他便想到音樂人能夠利用 YouTube 分享幕後花絮。他將這個想法告訴那些在派對中認識的人。到了 2012 年年底，它們便一起創業。他跟其中一位同伴一起住在洛杉磯，替網紅像是小賈斯汀或者凱莉‧詹娜談生意。

到了 2013 年，他因為跟著青少年巨星小賈參加「我相信」巡迴演唱會，而親身經歷品牌有多願意在網紅行銷上面花錢。他說：「大家知道我是那個消失的 YouTuber，然後跟小賈一起出現在邁阿密，小賈那一年活動很多。」根據 Betesh 所說，這個時期的網紅行銷是很混亂的，沒有像現在的那種管理觀念。品牌會將產品寄給明星，希望得到社群媒體上的推廣。Airbnb 給小賈斯汀跟他的團隊一晚一萬英鎊的房子，讓他開派對。他說：「我的工作就是確保（小賈斯汀）在最後一個小時在 IG 傳了一篇房子的貼文。」Betesh 也在小賈斯汀巡迴的時候，搬進小賈的房子住了大概一個月，不過他這個階段的工作在他巡迴後就結束了。「他不想要太多人住在他家。」他說：「而且還有五萬英鎊不見了。」Betesh 善加利用自身長處，將自己打造為網紅行銷大師，專門幫科技及生活品牌像是 Fabletics 跟 Uber 提供建議，這些品牌合作的預算非常高，回報也很豐厚。

他給大家的建議是什麼？「微網紅真的有用。」

如何透過一次品牌合作賺大錢

　　雖然職業玩家 Ninja（也就是 Tyler Blevins）在 Twitch 是以直播免費遊戲《要塞英雄：大逃殺》出名，2019 年他在推特及 Twich 卻把該品牌的競爭對手 Apex 英雄推向王者地位。策劃這次合作案背後的廠商──美商藝電總共得花多少錢呢？據說是一百萬美金。不過，這筆錢花得還真是對極了。在該遊戲發行的第一個月，也就是 2019 年 2 月的時候，下載數超過五千萬次，而且廠商沒有辦其他任何的發表活動。

◉ 第一代的網紅、YouTube 的早期採納者，通常合作價碼很高，因為此時期的網紅經紀人常為業務出身，認為他們客戶的平台跟故事是高價商品。能夠被買家善加利用、改變、形塑，但為了做這些事，得花上大筆的錢。他們的專長就是能夠談出交易，幫客戶把關，確保這些人所販賣的價值沒有受到損害。

◉ 第二代的網紅經紀人對於他們身處的這些市場回應這些市場對網紅的需求。從 2014 年開始，就能發現廠商原本的行銷預算特別分出來一筆給網紅行銷。有許多經紀人是來自媒體或者傳統管理的背景，有一套與人才合作的步驟，他們也將這個步驟運用在網紅身上。他們沒有去開疆闢土，而是專注於替網紅合作準備簡報，如果他們還沒有行動，機會可能就會被動作更快的競爭對手搶走。

◉ 網紅歡迎直接跟品牌合作、溝通，而不是透過第三方收到活動回饋跟創意內容。他們傾向於分享粉絲互動最多的內容，而非產出一些他們知道成效不好的內容。

◉ 品牌不應該將網紅視為強行推銷、直接銷售的平台。網紅並不是在賣廣告，而是提供商業夥伴一個機會，將他們的產品放在一個讓人嚮往的、有共鳴的生活情境。因此，若使用生硬的行銷訊息，而不是網紅原本的語氣，也就表示這對廣告的成效會有負面影響。品牌所付的費用，有一部分是網紅跟粉絲之間的信任，品牌應該視為長期投資，而非製作曇花一現的廣告。若有更深層的合作關係，就能善加利用這種信任，成為網紅故事的固定角色，而非只是一則業配背後的金主。

◉ 某些網紅完全不考慮接業配或成為廣告的一部分──他們不想要藉由試著商業化，影響到他們跟粉絲之間的關係。

◉ 有些網紅已經建立起很忠誠的粉絲，因此就不需要品牌贊助他們的貼文，而是創造並開發自己的產品線。這些網紅的野心比網紅產業在 2014 年剛開始發展的時候大多了，也就是說品牌如果想要網紅成為廣告的一部分、想要觸及他們的受眾，那就必須變得更具說服力。

◉ 想要網紅經紀人快速回覆你嗎？每位我採訪過的經紀人都建議，將以下資訊放在你的第一封電子郵件：你需要什麼數位資產、截止日期、訊息、預算。

4 · Myspace、Facebook 與 YouTube：以使用者生成內容 定義數位

2003 年，社交網站 Myspace 成立，隔一年臉書成立，從此改變了消費者的網路使用習慣，也讓 YouTube 成為網紅製造娛樂內容的寶地。

當 Myspace 跟臉書在 2007 ～ 2008 年快速發展時，不僅促使了「使用者原創內容」（UGC, user generated content），對在 Myspace 和臉書上花時間的人來說，看 YouTube 是很自然的一件事。YouTube 上面沒有戲劇內容、影片的製作品質不高，只有看起來像一般人的個人，有相機，也有魅力，所在的背景跟觀眾的背景也很類似。對 xennials 世代（編按：意指在 X 世代與千禧世代中間的微型世代）跟千禧世代的人來說，在網路上分享個人訊息已變得稀鬆平常，在文化上來說，Myspace 可能不是主流的平台，但臉書鐵定是。追蹤親朋好友的動態，就是人們使用「第二螢幕」的其中一個原因——意思是，在看電視的時候也使用智慧型手機或平板。這種分分鐘鐘都在產生內容，隨時都要跟上最新資訊的現象也已經成為常態。

Myspace 可以說是第一代數位網紅的發源地，特別是新的音樂人，臉書使得有關聯的內容變得更有力量，用戶若分享，就能打造出互相支持的線上網路。前者使得這種新型態的網路名人有了跟粉絲溝通的直接管道，後者準確的假設人們每天記錄生活──而且出於自主選擇──將成為未來的溝通方式。

YouTube 結合兩者的特色，將社群媒體更往前推一步，提供可觀看的內容，又包含了上面所說的主要特點。結果呢？網紅的風氣很快就變得銳不可擋。

值得一提的是，臉書在網紅產業並沒有位於主流地位，原因大概是因為在臉書上的內容創作者沒有得到太多商業化的機會。本書的許多受訪者都說，他們並沒有花太多心思在增加臉書粉絲，有部分原因可能是因為這沒辦法讓她們得到金錢上的回饋，而且在臉書上建立社群的難度也比較高。對許多獨立經營各平台的人而言，專心於對現有受眾提供內容、並證明這樣的內容很成功，對維持互動、推動利潤、以及在短期內不被未來淘汰比較重要。以上述標準評估後，臉書不符合以上的幾點。

但臉書大概自 2017 年起也進行一些努力，譬如邀請網紅進來，特別是遊戲界的網紅，也做出一些成績，主要是因為臉書吸引一些善於直播的名人。此外，對於數位出

版商、媒體公司來說，臉書還是主要的平台，不過自塗鴉牆的演算法在 2018 年改變後成效變差，因為新的演算法會優先呈現「親朋好友」的內容，而不是品牌或者企業的內容。

Myspace 改變了音樂產業，而臉書使我們跟有共鳴的內容互動變得平常，YouTube 成為在主流媒體中很少人了解的青少年平台。因為早期採納者的熱誠，他們也巧妙的認識到，透過合作就能使受眾大量成長，形成社群與訂閱者的關係，而且最重要的是，這些是源於內容創作者想要幫助他的訂閱者，也想要有一個揮灑創意的地方。許多早期的 YouTuber 承認，他們並沒有將頻道視為一份職業來發展，實際上，很多人會開始拍片，是因為這能讓他們從討厭的工作中獲得短暫的解脫，並且想找出他們的天職究竟是什麼。不過，當他們的觀看數跟粉絲互動已經達到一個非常驚人、無法忽視的程度時，他們所下的功夫，讓他們過著一種想都沒想過的精彩生活。早期採納者的童話故事裡，現在的 YouTube 跟過去相比已經差了十萬八千里，上面的內容變得雜亂無章。因此，許多人也擔心 YouTube 最後會變成什麼樣子，也不確定自己是否想成為其中的一部分。

傳統媒體有想過這種新型態的出版物——也就是有著

相機跟魅力的個人——來臨嗎？沒有。如同 2017 年 Casey Neistat 在他一支著名的、有關內容創作者的 YouTube 影片「做你做不到的」裡提到：「討厭你的、懷疑你的人都在鐵達尼號頂層喝著香檳，而我們就是該死的冰山。」

» Myspace 與第一代網紅

　　室內設計師、創業家兼部落客 Sarah Akwisombe 是 Myspace 的早期採納者，不過當時，大家所認識的她是饒舌歌手兼製作人 GoldieLocks。她在 2004 ～ 2005 年之間開始使用 Myspace 分享她的音樂，也將該平台比喻為 IG：如果你有用它，就會迷上它。這也是 Myspace 快速成長的原因。她覺得 Myspace 就像泡泡一樣：「每個人都在累積『追蹤者』——不管當時是怎麼稱呼這群人。每個人都在查看他們的音樂被播過多少次，自己的頁面上有多少留言。」

　　她補充：「我透過 Myspace 獲得一位經紀人、一份出版社的合約、還有世界各地的演出機會。」Akwisombe 也幫前甜心寶貝成員瑪雅・布依娜（Mutya Buena）混音，以及幫當時的英國明星凱特・納許（Kate Nash）、

汀琪．斯特萊德爾（Tinchy Stryder）編曲跟寫歌。雖然在 Myspace 無法像現在社群媒體上的網紅將內容變現，她形容平台給予的機會「讓人吃驚」。她說：「感謝 Myspace，我有三年每個週末都在歐洲各地表演。」她在 Myspace 上有 2 萬 2 千多人追蹤。

莉莉．艾倫（Lily Allen）也同樣受到矚目。她自 2005 年開始在 Myspace 上分享她的生活、真實的看法、以及她的音樂創作。跟 Akwisombe 一樣，她將新作品發表在 Myspace 上，而不是發行唱片。當傳統媒體在 2006 年發現這號人物時，她已經累積 2 萬 5 千名「好友」，《衛報》的音樂評論家米蘭達．索爾（Miranda Sawyer）那時認為是「讓人吃驚的」。

艾倫在同一年接受《衛報》採訪時為這種網紅的產業下了一句總結，當時網紅產業甚至還沒開始成形。她說：「我覺得 Myspace 成功的祕訣就是，你不會在上面被強迫推銷，有一些很特別的感覺。」她了解到 Myspace 讓她能夠獲得與人之間的互動，她的追蹤者覺得自己是她故事的一環，而且維護這種關係是很重要的。

Olivia Purvis 身兼樂迷、部落格、社群媒體的早期採納者，也創了 What Olivia Did 網站，她也是 Myspace 的活躍用戶，她記得當時跟人、還有他們的故事產生連結，

這是很吸引人參加的一點。她說：「我覺得那是最早以社群為導向的平台，讓大家能夠輕鬆找到有共同想法的人，發現新的音樂，彷彿唾手可得。」

這也暗示了 Myspace 會成為與主流音樂產業完全相反的那種文化，因為當時主流音樂仍舊掌握在謎一般的、相對少數的品牌手上，傳統媒體將這些品牌看得非常重要。這些品牌並沒有自己發聲，而是出現在像《滾石雜誌》、《新音樂快遞》等雜誌上，這與在 Myspace 上累積人氣的音樂人相比，兩者的差別極為明顯。當芙蘿倫絲 · 威爾希（Florence Welch）跟凱特 · 納許（Kate Nash）在 Myspace 上以真情流露、朗朗上口的流行歌吸引人氣，《滾石雜誌》上的內容則是保羅麥卡尼跟年輕歲月樂團。

2008 年 Myspace 達到高峰，每月獨立用戶累積到 7,590 千萬，包括新興的名人如金 · 卡戴珊（Kim Kardashian）、泰勒絲（Taylor Swift）、湯姆 · 哈迪（Tom Hardy）跟拉娜 · 德芮（Lana Del Rey），跟競爭對手 Bebo 跟 Friends Reunited 相比，Myspace 獲得突破性的成功。這個平台似乎捕捉到年輕世代的文化，可以說是大眾首次開始建構他們的數位身分，透過精挑細選、能夠反映出他們品味的照片跟音樂，表達自我，而且他們也覺得自己是這個平台的一部分。並且，Myspace 自己就是一個小

世界，這個地方很少有傳統媒體觸及，也似乎不甚理解。

但 Mysapce 並不只是那些名人獲得全世界矚目、主流媒體名聲的地方，也是一些知名 YouTuber 在上面練習技巧、打造品牌的地方。舉例來說，藝名 Jeffree Star 的 Jeffrey Lynn Steininger 在靠美妝影片成名之前，就已經是 Myspace 的名人之一，他原本是充滿抱負的音樂人，到了 2006 年已成為 Myspace 上最多用戶追蹤的人。他一分享他的最新作品，就會收到數萬名留言，這一切都發生在他在 2009 年簽了唱片約、透過傳統管道發表第一首歌之前。除此之外，Steininger 因同性戀身分遇到網友攻擊的時候，他拍影片替自己辯護，在那個時候，他顯然不是主流名人的類型，但他已經能夠獨立累積粉絲。

網名 Shane Dawson 的 YouTuber Shane Lee Yaw，在 Myspace 寫部落格、上傳影片，並推銷自己的產品。他做這些事讓自己成為當代的網路紅人，他創作的內容也就是現在 YouTube 的主流內容，像是討論他最新的「版面」（Myspace 用戶熱衷討論的內容），還有在房間拍攝閒聊的影音。他也直接稱呼粉絲的名字，鼓勵粉絲在內容上面留言，或透過 Myspace 傳訊息給他。這些都是現今的網紅與粉絲的關係裡很重要的一部分。

在 Myspace 上能夠凝聚人心的人成了網紅，也在未來

幾年運用他們的人氣在推特、YouTube 跟 IG 上建立粉絲，因為他們了解提供粉絲親近關係的力量。他們了解人際互動，跟一種類似友誼的動能，讓追蹤者覺得自己是網紅故事的一部分。追蹤者花心力在各平台追求這種與網紅的關係，因為**網紅是真正吸引人的原因，而不是平台本身**。他們的粉絲可以說在一開始就是跨平台的用戶，他們是對網紅本身忠誠，而不是他們發布內容的方法。這樣一來，有些早期網紅在受訪時，對於下一個新的平台這類問題會覺得無關緊要，因為那根本不重要，他們知道粉絲就是會跟著他們。

因此，Mysapce 建立了數位距離，讓數位距離變得稀鬆平常。早期網紅能與粉絲產生直接關係，發展出像廣播的模式，也能夠輕易地複製到 YouTube 上操作。這可能是第一代網紅的第一個跳板，但這個平台並沒有讓大家覺得分享內容是很自然的事。大家不會每天回訪、上癮般的一直滑、或跟娛樂內容互動。這並沒有埋下一顆種子，建立起人人都能成為網紅的觀念，而且大眾當時也沒有對任何人的生活都覺得有興趣。

使得網紅事業更進一步的，要歸功於臉書。根據指標性媒體分析公司 Comscore 報導，臉書在 2008 年時用戶已經超過 Myspace，使 Myspace 的泡泡幻滅。Akwisombe

並不記得什麼時候開始使用 Myspace 的風氣驟降，她說：
「好像就慢慢沒在用。」但她記得臉書的功能好用太多，
而且推特的聲量也變大了，這些都是用戶換平台的原因。

Myspace 共同創辦人湯姆・安德森（Tom
Anderson）同一年受《衛報》採訪時表示，他調查過一
些人，了解 Myspace 用戶停滯的原因。大家一致認為
Myspace 不好用，好像只為了音樂跟青少年設計，而且缺
乏隱私。簡單來說，Myspace 不適合所有人，但臉書適合。

» 臉書何時開始跟網紅產業結合呢？

如果 Myspace 把在網路上追蹤音樂人的每一天這件
事變成常態，那臉書就是把對象拓展到所有人。這個平台
最有力的地方就是動態了，用戶能夠在上面看到家族婚禮
照、名人的近況、媒體的新聞等。這意思是，每個人的故
事都很重要。這種廣泛擴散的分享跟回應的行為，將現在
主流網站上充滿「使用者原創內容」這件事正常化。連
看 YouTuber 生小孩的影片也很合理，對吧？畢竟，你才
剛在臉書上看到朋友生娩的私密照片。最重要的是，臉書
一開始認為普通人也可以很吸引人，人跟人應該多保持互

動，看彼此的動態。因此，間接的越來越多人使用臉書，使得線上社群正常化，大家也越來越接受非主流的名人也可以是娛樂內容。

不過說到網紅產業，臉書其實從來就不是網紅的第一首選，就算是，也只是開始的地方。舉例來說，端莊時尚 vlogger 兼創業家 Dina Torkia（網名 Dina Tokio）開始在臉書上分享她做的衣服，之後才在 YouTube 上展示這些衣服。雖然她維持臉書粉絲專頁的運作，她並沒有特別為臉書製作內容，而是經常在 YouTube 上發布影片，再將連結貼到其它平台。

同時，雖然許多網紅都有粉絲專頁，有很多人不會將粉絲專頁放在優先經營項目。對很多內容創作者，不論是網紅或媒體品牌，臉書的吸引力往往為分享與點擊率。在臉書上一篇跟口紅有關的清單文可能一發出去，在幾小時內就可以到處轉傳，替網站帶來幾千名訪客。專注於千禧世代的媒體品牌，像是 Refinery29、Buzzfeed 和 Elite Daily 均將策略放在創造能讓人有感的內容，特別是臉書族群，好讓用戶可以分享給親朋好友。

媒體品牌歡迎這個平台，特別是先前提到在 2018 年演算法改變之前，而且也在上面花了許多心力（跟網紅相比），因為出版商在臉書上面賺錢的方法有好幾種。當媒

體品牌被要求在網站上賣廣告版位、廣告文，也需要引進一定數量的不重複訪客，網紅能夠賺錢最快的方法，就是在 IG 跟 YouTube 上接業配。因此，與其在花時間在臉書上，專心拓展這兩個平台的受眾跟互動，以他們的商業模式來說較為合理，而且品牌對於網紅在臉書上行銷的興趣也少很多。

不過，風水輪流轉，也不是所有網紅都捨棄使用臉書。舉例來說，vlogger 兼作家 Louise Pentland 覺得臉書逐漸成為新增內容的重要地方，她也發現臉書跟 YouTube 還有 IG 的粉絲重疊率低得驚人。

同時，某一些遊戲實況主也喜歡使用臉書直播，最著名的應該是 David Steinberg（網名 StoneMountain64），雖然他的頻道在 YouTube 上有許多人訂閱，但他在臉書上的觀眾互動率更高，呈指數成長。他於 2017 年在臉書公司受訪的影片中表示，發布短篇影音能夠增加他的內容被分享的次數，而且他注意到，臉書的觀眾比較友善，可能是因為粉絲都以個人帳號互動。他說：「當人們用真實身分，而不僅是用戶名稱或者假帳號留言的時候，產生的效果很驚人。」

Mother of All Lists 創辦人、親子 IG、前臉書員工 Clemmie Telford 認為，臉書平台真正的影響力在於其社

團，特別是「祕密」社團（需邀請才能加入）、並以社群的方式互動。其中最著名的例子，要數影響力非常大的 FIN，該組織舊名為 Female In Nigeria（奈及利亞的女性），於 2014 年由奈及利亞記者洛拉‧奧莫洛拉發起，因恐怖組織博科哈拉姆綁架奇博克地區學校的 276 名女孩而成立。這是一個超過一百萬女性的祕密社團，她們在社團裡分享自己面臨的問題，通常是一些悲慘事件。不過，社團有一些內規要求社員遵守：不得批判社團成員，也不得提供宗教建議。奧莫洛拉在 2018 年接受 BBC 的訪問時說：「有些女性承受 40 年的家暴而不敢告訴任何人。沒有人應該過著那樣的生活。」

如果身在英國的女性自由記者受邀到臉書社團「第一自由女性夥伴社」，那是成為編輯的直接途徑，也能實際接到案子。這個社團有時像是受到業界打擊的自由業者的團體諮商室，以及讓截稿期在即的作家集思廣益的地方。

社團的創辦人珍妮‧史塔拉（Jenny Stallard）在 2007 年替一份全國性的報社做事時，萌生創團的想法。目標是為一群像她一樣的自由接案者提供地方，能夠聊天、社交、公開討論一些像是稿費這樣的議題，卻不必擔心外界的眼光。每週五，自由記者會提交創意想法供編輯審閱，稱為創意時刻，在這個時候社團特別的活躍，因為

此時自由記者能接到案件，編輯就能找到人。史塔拉表示，這個社團之所以會這麼有影響力，都是因為其中的社員由「正職員工與自由記者」所組成，並且能夠在線上促進合作機會，讓雙方受益。這個社團目前有六位管理員，她承認，若不是她也忙著接案，管理社團這件事情很有可能跟正職工作一樣忙。

「每天要忙的事很多，可能有人重複貼文，或者有人在很久之前的貼文留言，讓討論串浮上來。」誹謗留言跟社團成員彼此惡言相向，也可能是個問題，她認為在臉書社團裡設立規則「非常必要」。她說：「我們在管理的時候，就有規則可循，我們有時候會討論是否該讓某一則貼文審核通過，這時候可以依規則處理。」

» 第一代 YouTuber 如何改變網路生態

YouTube 的早期採納者（有些人甚至早在 2006 年就創建頻道）形塑我們現今認識的網路、數位文化、跟線上娛樂。與傳統媒體相比，他們在對大眾廣播的創新手法上隔了幾光年遠，他們也意識到受眾必須是過程的一部分。

他們當中有許多人是從幾百、幾千、最後到百萬人數

訂閱，那些在 YouTube 世界之外的人在旁邊觀望，滿心懷疑，困惑、不開心。這個新媒體是怎麼形成的？為什麼？

根據 Statista2018 年的資料，在這個時代創作者一年能夠從頻道賺進百萬英鎊，而且兒童頻道最好賺，Ryan Toys Review（2,200 萬英鎊）、Jake Paul（2,150 萬英鎊）、體育娛樂頻道 Dude Perfect（2,000 萬英鎊）。不過，早期採納者在一開始並不是以賺錢為目標，舉世皆然。這也不是因為他們很有錢，事實上，許多人的出身通常並不富裕，他們會在這個平台上面花這麼多時間，是因為這種溝通方式跟這種社群恰巧有某一個點打中他們。Eman Kellam 在 2012 年開始他的頻道「for fun」，他承認他關心的不是「觀看數或收入」，而是產製出一些讓有類似看法的人能喜歡的內容。

YouTuber 兼作家 Louise Pentland 表示：「我們並不是計劃好要打造這一切。我們只是喜歡拍影片，跟觀眾開放式的聊天。」

創作者跟訂閱者一開始的互動就是關鍵。本名 Felix Kjellberg 的 PewDiePie 在 2015 年接受《滾石雜誌》採訪時表示，有一次他在玩《失憶症》的時候，收到觀眾立即正面的回饋，因此他在玩恐怖遊戲時，都以搞笑的方式逃離危險。

Patricia Bright 透過網路論壇結交朋友，這是她開始經營 YouTube 頻道的契機。她說：「我很熱衷於保養品、頭髮相關的內容，也很喜歡跟其他女生一起討論。」「我們互相傳送訊息聊天，也開始用 YouTube 互相寄送影音。」

Jana Hisham 在 2010 年創建頻道的時候才 16 歲，她覺得這種能夠跟全世界交流的機會很迷人，若不參加就太可惜了。她說：「我很開心能夠接觸到有共同興趣的人，分享我的意見、熱烈的討論，這個概念很吸引人。」「這種經驗很特別，要不然我們其實就是完全的陌生人，有時甚至隔個幾千里遠。」

這不表示網紅能夠輕鬆一夕成名。Joe Sugg 在成名之前，在他叔叔的公司做了好幾年的茅屋匠，晚上才製作 YouTube 影片。他直到有 160 百萬訂閱的時候才辭職。Marcus Butler 曾是軟體業務，而 Jim Chapman 做著一份他討厭的保險工作。YouTube 是一個暫時的避風港，讓自己做著自己有熱情的計畫，不過對於早期採納者來說，那時候 YouTuber 的價值被低估、也被誤解。事實上，大眾對於 YouTube 的評價不高，因此 Bright 承認在她以前投資銀行實習的時候，並沒有告訴大家她有經營頻道。

她說：「我覺得有點丟臉。」「我不覺得經營 YouTube 頻道是明智的選擇，所以我絕對不會跟我的老闆

說，我去購物的時候會拍我買了什麼的影片。」

當同事發現她的頻道，她馬上把頻道關了。「現在說這個好像很不恰當，但我真的覺得很丟臉。」不過，這種感覺並沒有維持很久，因為 YouTube 的產業在 2010 ～ 2012 年開始吸引市場注意，直到內容創作者這個文化現象在 2013 年開枝散葉。

在過去這些年，他們在這個如 Pentland 所說「遼闊的開放空間」花時間探索、建立，已讓他們成為非常重要、不可動搖的一部分，不只在數位世界，也包括在青少年文化。他們的影音格式：購物分享、聊天 vlog、一起玩遊戲等，觀看數已經比許多傳統媒體所冀望的還要多更多。這個平台本身充滿實驗性質，沒有理由不去嘗試新的東西，而且事實上，YouTube 是由社群所組成的，而不是專注於娛樂內容，也就是說，內容創作者在探索創意、跟尋找什麼能夠爆紅時，也感到很安心。

YouTube 吸引了想對自己的頻道有完全掌控權的人。這就像之前提到 Casey Neistat 的「做你做不到的」影片，裡頭包含他自己的獨白，跟其他 YouTuber 片段的影音中，他說：「當你成為創作者的時候，你不需要別人在你耳邊告訴你什麼能做，什麼不能做。」

YouTuber Taha Khan 2007 年開始收看線上內容，直

到 2013 年創立自己的頻道，當時 YouTube 用戶達十億。先不管這個里程碑，他記得當時的感覺，就好像是很緊密的一種關係。他說：「整個 YouTube 就好像一個社群。」

Pentland 承認，在這個時候她整個人已經被 YouTube「完全占據」。「我跟一樣在拍 vlog 的人成為朋友，我的社交圈全部繞著 YouTube 打轉。我好像活在 YouTube 裡，YouTube 成為了我的一部分。」

在建立 YouTube 的世界之時，對這個平台的熱愛好像是關鍵。每個受訪者都很喜歡聊 2012 ～ 2014 年那段期間的事，當時 YouTube 才剛要蓬勃發展，他們在網路上的作品，已經逐漸滲透到他們平日的世界。儘管 Bright 的第一個商業合作單位是 New Look，她當時就知道，她的特點將會是美妝。

到 2013 年的時候，她在金融業已有一番成績，不過每週末還是忙著剪接影片，這種雙重身分已經漸漸有了回報。「我開始收到許許多多的邀約、還有更大型的活動，但因為我在上班，所以無法全部接下來，許多事便漸漸發展。」

Pentland 形容這個蓬勃發展的時期「很驚人」且「難以置信」。她說：「我至今還是不敢相信。」她想起跟 Alfie Deyes、Zoe Sugg、Marcus Butler 出席《1 世代：我

們的世代》首映會，走在紅地毯上。「那裡有好多的青少年在尖叫，我們一開始還要先躲起來。那時是 2013 年，YouTube 的發展一飛沖天。青少年超愛 YouTube，那是屬於他們的東西。我還是不敢相信那時候的發展，真的是很瘋狂的世界。」

確實，在那次一大群人的活動中，參加者還包括 Jim Chapman 跟 Tanya Burr，紅地毯上觀眾的反應太激烈了，原本 Sugg 要拍 vlog 紀錄，但影片看起來讓人不舒服，因為她的手都在發抖。

採訪過那些當時在那裡的 YouTuber，就會發現，那時是 YouTube 的黃金時期。比較不那麼複雜、更社群導向，而且也讓人感到驕傲。他們辛勤建立起這個網路上的世界、花時間投入，並認真看待粉絲的願望，最後終於能夠享受到辛勤努力的成果。

雖然 Pentland 說當時都是在錯誤中學習，並沒有什麼明顯的策略便使得 YouTube 頻道爆炸性成長，但她很清楚她在 YouTube 上的行為不是被動的。「我並不是順著潮流前進，我們在很早之前就已經在那裡了。事實上，是我們開啟了潮流。」這種獨立的精神和天生的創業家精神，讓 YouTube 成為網路世界中如此重要的一部分。早期 YouTuber 的心態跟其他在不同平台建立事業的網紅大

相逕庭。他們的目標是根據他們本身對娛樂的看法，以及他們覺得什麼對觀眾有幫助，進而打造一個全新的東西。相較之下，IG 紅人通常被主流媒體認為缺乏代表作，因為他們開始成為獨立創作者的原因，是因為看到市場有空隙，便趁隙而入。不過對早期 YouTuber 來說，傳統媒體完全不在他們的思考範圍裡，他們並不是看到傳統媒體的失敗，或者想要打造比傳統媒體更好的替代品。我必須再次強調，這些人專注於建立全新、全然不同的內容。一言以蔽之，Bright 說：「我並不是在找其他能夠代表我的人，我選擇代表我自己。」

» 觀眾成長、合作文化與其成就

　　早期 YouTuber 能夠拓展訂閱者的量，就是因為他們產製的內容是根據供給需求，提供觀眾喜歡或想看的內容。因為創作者彼此認識，在真實生活中成為朋友，也分別在各自的頻道出現。舉例來說， Caspar Lee 一開始透過 Skype 聯絡， 與 Troye Sivan 在 2011 年成為朋友。2013 年時，他們與 Jack Harries、Louis Cole、Pentland、Joe Sugg，還有其他一些當時熱門的網紅共同住在洛杉磯

的房子裡。

　　如第二章所解釋，這導致生態圈的形成，大家能夠互相替朋友宣傳，讓他們的觀眾發現朋友創作的內容，也就不免使得每一個人的訂閱數都出現高峰。早期，YouTuber透過見面會認識彼此，現在許多YouTuber仍舊花時間辦見面會，但主要目的是見粉絲。現在見面會也成了商業機會，如果有品牌希望吸引某類型的受眾進到店裡，通常會有廠商贊助。不過，最一開始的見面會著重於社群互動，舉辦的次數很頻繁、也多為自發性。Pentland說：「一開始會有這些聚會，因為幾乎沒有什麼能夠將看你影片的人聚在一起的那種活動。後來YouTube事業越來越大，到處都有見面會。」

　　在這個時候，因合作頻道Vlog Brothers聞名的美國YouTuber、作家Hank與John Gree兄弟檔，成立了VidcON，這是一個讓內容創作者跟粉絲的年度會議，裡頭有跟YouTube界相關的小組討論，也會舉辦見面會。橫跨大西洋的見面會開始舉行，以及合作文化也開始盛行，因為與其他YouTuber一起拍影音成了很常見、全球流行的事。Pentland說：「那就是大家早期增加粉絲的方法。」

　　這是一個人人都採用的策略，像是Jake Paul和他有

爭議的 YouTuber 團隊 Team 10、以及電玩組合 Sidemen 與 Jamie Oliver，後者現在有個同名頻道，但以 FoodTube 的名稱發布，並以與其他 YouTuber 合作為特色。包括像 是美食教學為名的 YouTuber Katie Pix 跟 Jemma Wilson， 後者的網名為 Cupcake Jemma。

DangThatsALongName 頻道多為《當個創世神》的遊 戲內容，創辦人 Scott Major 認為，跟其他 YouTuber 合作， 就能夠在平台上快速成功。他說：「那時候《當個創世神》 很熱門，因此市場很飽和。在那樣的市場建立一個社群， 需要一些運氣。我很幸運，有一些朋友也在做這個遊戲的 影片，所以我們建立起自己的社群，觀眾好像也很喜歡。」

合作反映出真實世界的友誼、加速觀眾數成長、產生 有趣的內容——這一切好像都很合理對吧？但 YouTuber Hisham 卻認為，這個文化在 2014 年開始變質，因為有 一些內容創作者被指控濫用年輕粉絲的喜愛，也讓這個平 台出現一些小圈圈，而不是包容。她說：「有些內容創作 者因為跟一大群的 YouTuber 被歸在同一個圈子，而這些 人的行為非常公開，所作所為不斷受到公眾檢視，有些人 開始受到一些負面影響，因此覺得反感。」

此外，Hisham 也發現，在早期採納者 Dominic Smales 的網紅公司「歡樂未來」旗下的 YouTuber 只跟彼

此合作，跟剩下的創作者社群分離。歡樂未來將合作文化資本化，她認為是「影響深遠的」，創作者了解到他們身為合作夥伴的商業價值，因此不成為 YouTube 社群的一部分，也傾向於在一個小圈圈裡合作。因為這樣，她覺得 YouTube 已經停滯，若沒有像過去那般一視同仁的合作方式，現在新的 YouTuber 很難有突破性成長。

她也認為，這些網紅的生活跟原來相比過得五光十色，她也厭惡這一點，因為這樣一來，就「缺乏創意、能產生共鳴的內容」。

雖然 Hisham 也讚賞 YouTube 支持創作者的努力，她認為如果 YouTube 想要發展更多創意、發展更多新人才，平台應該正視這種排擠的行為。她說：「我覺得他們沒有做到建立一個穩定的社群，不僅彼此能夠給予支持，也能夠不斷的歡迎新來的成員。」「業界跟創作者好像都不願意發掘新的人才，或者培養一種真誠合作的態度。」

» 一個平台，多種焦慮

YouTube 原本是一個生氣勃勃、正面的地方，現在那些第一代創作者已經越來越少依賴這個平台。多元化發展

也是一種重要策略，有些人換到傳統媒體、寫作、獨立計畫、線下品牌合作，但也要維持原本 YouTube 的粉絲，所以更新的速度較慢。

網紅經紀人席・巴波・布朗（Si Barbour-Brown）說：「這是採取一種多元發展的策略。我的客戶不想要四十歲了還在拍 vlog，他們想要當演員、電視圈的名人、寫書。」他補充：「他們都有其他的專長，但也會更新頻道，因為偶爾會有空閒的時候。」

在本書的訪談、研究中，「四十歲了還在拍 vlog」似乎是很多第一代 YouTuber 的夢魘，也是他們急切想避免的，如此一來，就能理解為什麼許多人試著在其他領域發展。

2018 年 Jim Chapman 接受 Marcus Butler 的播客節目《降低期望》時承認，現在 YouTube 是他事業裡最小的一部分。在 2014 年拍 Joe Sugg 刮腋毛的影片那時候起，讓他意識到該「長大」了，也讓他開始建立寫作跟時尚相關的事業。從那時候開始，他承認他就覺得自己沒那麼像在「耍猴戲」。一提到他所指的那支影片，他說：「我當時覺得有點尷尬，但想說應該可以吸引很多觀看數。」藉由 YouTube 來創造一些平台以外的機會，也是因為他開始了解自己的頻道有些限制，但說來也是有點諷刺，因為

他跟早期採納者剛開始加入 YouTube 時似乎覺得有無限可能。在播客節目裡，他也提出質疑：「如果你五年之後，跟我現在一樣 30 歲，但你的觀眾沒有跟你一起成長呢？」他也提到，他之前常為了得到他喜歡的計畫、喜歡的品牌而免費工作，讓這些項目開始進行。

很多 YouTuber 的焦慮來自他們不確定這個平台會往什麼方向前進，而且這個不穩定的現實是，他們在一個不屬於他們的平台上建立事業。巴波‧布朗強調：「如果 YouTube 突然有一天消失了，很多人的事業就會因此結束。」

雖然看似難以置信，但平台瞬間倒閉也不是不可能的事，許多 YouTuber 提到，Vine 在 2016 年關門大吉，也就表示這是有可能發生的。Eman Kellam 解釋：「Vine 在當時是最大、最有影響力的平台之一，它突然倒了，我跟許多創作者都很震驚。」「我有很多朋友只經營 Vine，因此平台一倒閉，他們就丟了飯碗。」他便開始在其他社群媒體培養粉絲，也開始跟 BBC 合作電視節目。

2015 年，Louise Pentland 開始發展 YouTube 以外的事業，她出版第一本心靈成長書《撒了亮粉的人生》，成為《星期日泰晤士報》的暢銷書。她在 2017 年轉戰小說，創作圍繞著主角羅賓‧王爾德的三部曲。她說：「我離過婚，曾與人約會，過著單親媽媽的生活。」她解釋為什

麼她決定在傳統出版業發展：「我因為第一本書很成功，所以建立起一些名聲，但我跟我的出版社說，我不想要這本書又成為部落客出的書，而是一本實實在在的書。」

她跟其他 YouTuber 一樣，覺得她需要有備案，而且 YouTube 的未來也不是她能夠掌握的。「你不知道它未來的方向，有一天如果 YouTube 過氣了怎麼辦？」

在對於平台未來的擔憂的背後，還有對 YouTube 目前所成長的方向感到失望存在。早期 YouTuber 創造對他們創造的內容感到驕傲，但現在他們對於 YouTube 上的內容覺得有點不舒服。

Khan 認為，如果現在有人想要接受、了解 YouTube，就必須將這個平台視為具有多種認同身分的地方，他也覺得，那些在 2013 年 YouTube 發展時期加入的用戶不一定認同這個看法。「將 YouTube 視為一整個群體，並不適合現在的 YouTube。有很多不好的事情發生，如果你也照著作，就只看得到負面的事。」

不管你認為好或壞的定義是什麼，跟 IG 紅人、播客主持、部落客不一樣的是，許多受訪的內容創作者認為這個平台已經改變了，因此他們也必須改變。

Bright 說：「我現在不像以前那麼喜歡 YouTube 了。」「YouTube 曾經是以社群為主，現在全都是娛樂導向。這

就是現在世界的樣貌，沒有事情是不變的。」

　　YouTube 現在是一個雜亂無章的平台，最戲劇化的影片能獲得最多關注。Bright 對這個平台娛樂導向的評斷是正確的。但諷刺的是，傳統的媒體人試著採用 YouTube 的風格、遊戲化的形式，以確保他們的影片有機會瘋傳，詹姆斯・柯登（James Corden）的行動卡拉 OK 就是很好的例子，許多數位創作者製作長篇的作品，內容更似電視節目。2018 年，Shane Dawson 發布一系列拍 YouTuber 的紀錄片，裡面最著名的人就是 Jake Paul，媒體新創公司 Kyra TV 每週也特別製作觀眾會看的內容形式。

　　Kellam 同意這一點。「YouTuber 想成為名人，名人想成為 YouTuber。現在流行擠壓史萊姆的影片。新的流行不斷產生，你要不就跟進，不然就落伍了。」

進階剖析 **YouTube 如何跟網紅合作**

　　自 YouTube 從 2007 年推出合作夥伴計畫，長期培養展現奉獻精神和具吸引力的內容創作者，也就是說任何累積超過每年 4,000 小時觀看時數、頻道訂閱數超過 1,000 人的 YouTuber 就能夠透過在平台上的廣告跟訂閱數賺錢。

　　除此之外，平台也提供不同訂閱數的創作者不同的機會：十萬訂閱以上的 YouTuber 能夠獲得白銀創作者獎，能夠使用全球的製片空間與設施，在裡面拍片或者舉辦活動。他們也會被分配到一位合作夥伴經理，能夠幫他們拓展 YouTuber 上的事業，也能受邀參加 YouTuber 的獨享活動。一萬到十萬訂閱的 YouTuber 為黃銅級，一樣能夠使用專門製片廠，以及受邀參加 YouTube NextUp 大賽，優勝者可前往 YouTube 製片廠參加為期五天的創作者訓練，YouTube 幫你的新設備買單，並可獲得白銀級以上創作者才能享有的福利。蛋白石級（1,000 到 1 萬位訂閱者）與石墨級（0 到 1,000 位訂閱者）能夠參加成長駭客、製作相關的線上課程。

　　黎歐娜・法可森（Leona Farquharson）是 YouTube 內容創作者的全球領導人，直接跟產量最豐富的 YouTuber 合作，協助他們改善策略、達成目標。她說：「與我們合作的許多 YouTuber 都在他們的內容跟品牌間發展出廣泛的媒體業務，槓桿利用他們廣大粉絲的忠

誠度，也以創意、創新的方法講述他們的故事。」法可森雖然說創作者是 YouTube 的「命脈」，但她說公司並沒有在挖掘新的人才，而是專注於支持現有的網紅。「我們不會招募創作者，但是我們會支持他們的成長。我們支持並鼓勵各種階段的創作者，提供適合他們頻道等級的獎勵跟機會。」

案例分析 不一樣的 YouTube 明星

音樂人湯姆‧羅森塔爾（Tom Rosenthal）從來就不想當個每日更新的 vlogger、或者融入主流 YouTube 的文化。不過，他也知道這個平台能夠為獨立創作者帶來好處，並可以利用它將 YouTube 打造為他想要的事業。這跟唱片公司一點關係都沒有。他說：「我不喜歡權威，或者有人來參與我的過程」「而且，好的經紀人也可以做到唱片公司所做的事。」

他想做的其中一件事，就是為他寫的每一首歌拍影片，並也保有自己的選擇權，擁有創作的空間。成果十分出色，也讓人意想不到。在〈西瓜〉這首歌中，他穿著一身西瓜裝在鄉間跳舞；而在一首他希望美國第一夫人離開美國總統的歌〈梅蘭妮亞〉，這支 MV 的畫面都是閃亮的背景配上插圖。他其他的音樂影片大多是他在家坐著彈鋼琴。

對他來說，他最先感受到音樂視覺的部分。他說：「我很早就知道歌曲的視覺部分很重要。」「我喜歡做影片、而且我覺得我主要在做的事，就是做出能夠代表一首歌的視覺。」

在他音樂世界剛起飛後，他開始做一些跟音樂有關，或者是和他女兒對話的影片、對他作品的反應。這些影片多是觀察式的、多愁善感的，而不是表演式的影片，似乎不是為了觀眾而作的娛樂內容，因此這些影片在 YouTube 平台上很受歡迎，讓人能喘一口氣，平台上主流的影片充滿戲劇、高漲的能量以及釣魚式標題。

他說：「拍 vlog 就好像我個人跨出了一大步，不過我現在用的平台很不錯，而且也很適合展現給家人看。」他有好幾種音樂收入的來源，因此 YouTube 不是他的主要生計來源，他也不想要這樣，儘管他的頻道已經有數十萬訂閱。他承認，專業 YouTuber 必須緊跟著流行走才能進到 YouTube 首頁，但那對他來說一點吸引力都沒有。他寧願做一些他相信的內容，不管 YouTube 其他地方發生什麼事。他說：「好東西永流傳。」「有時候我的舊影片又獲得新生命，就算這支影片是在 2012 年拍的也沒差。」他補充：「我想要做能夠流傳下去的東西，這也一直都是我做事的原則。」

案例分析 打造 YouTube 明星的三個生態圈

- Team 10：由爭議系網紅 Jake Paul 發起的網紅培育中心，Jake Paul 的哥哥是同樣具爭議的創作者 Logan Paul。Jake Paul 邀請好幾名創作者一起住進洛杉磯的房子，提供他們器材、品牌合約，要求他們每天拍影片。不過，在 Team 10 於 2017 年發行一首歌曲《每個人都是兄弟》，YouTube 社群狠狠的嘲笑這組人馬，之後主流媒體也報導了幾位團員離開的消息，因為他們認為 Team 10 這個團帶來不良影響。

- The Brit crew：也被稱為「Team Gleam」，因為大多成員現在或曾為歡樂未來旗下成員，由一些 YouTube 的早期採納者所組成，像是 Zoe Sugg、Jim Chapman、Tanya Burr 跟 Marcus Butler。這些創作者在現實生活中互為朋友，也認識到互相合作能加速他們共同的成長。那時 YouTube 還是一個相對開放的環境。

- The Sidemen：由一群 YouTuber 所組成，包括 Simon Minter、KSI、Vik Barn 跟 Joshua Bradley，他們在 2013 年開始線上開始一起玩電競，也從中建立品牌，發展出喜劇中心節目《賽德曼經驗》及周邊商品。他們在 2018 年也為 YouTube Premium 拍了全新的系列《賽德曼秀》。

本章重點

- 第一代的數位網紅來自 Myspace，但多為新生代音樂人。當時沒有一套從平台營利的方法，這種顯見的人氣跟大量的粉絲帶給他們其他賺錢的機會。此外，早期 Myspace 的內容跟後來在 YouTube 上流行的內容很類似，而且許多最知名的 YouTuber 一開始都是在 Myspace 上累積粉絲。

- 雖然臉書缺乏品牌合作機會，對網紅來說一直都沒有特別的吸引力，但這個現象可能會改變，因為臉書能觸及年齡較大的觀眾，跟 YouTube 比起來，臉書上的用戶跟影音的互動也比較好。

- YouTube 的黃金年代介於 2012 到 2014 年之間，當時的創作者開始內容變現，大眾也逐漸認知到他們掌握的粉絲力量。

- YouTube 的早期採納者透過跟其他 YouTuber 合作，互相推廣內容，使自己加速成長。這些合作通常是基於真實世界當中的友誼，但有些人認為部分 YouTuber 濫用年輕觀眾的信任，原本流行的合作模式便消失了，YouTube 的社群變得比較不開放。

- YouTube 的現在與未來，正是某些創作者焦慮的來源，因為他們發現 YouTube 自從 2015 年之後產生許多改變。因此他們採取多元發展，像是進入主流媒體、寫書，尋找更適合年長觀眾的內容模式。

- YouTube 並不是一個單一的世界，而是包含了數千種社群，因此將 YouTube 想成一個大群體，是錯誤的了解方式。有很多時候，這些社群互為獨立存在。

5．推特與傳統權威媒體的崩壞

　　2009 年 2 月，演員史蒂芬・佛萊（Stephen Fry）被困在倫敦著名的大樓 Centre Point 的電梯裡。這個相對算是小事的新聞引起全球媒體報導，並不是因為他面臨危險，也不是此一事件或隨後發生的事件特別戲劇化。有趣的只是，他把他受困的消息貼在推特上，他對他的十萬名追蹤者寫下：「這下好了。我被困在 Centre Point 26 樓的電梯裡。誰知道。我們可能會在這裡待上幾個小時。屁、便便、小玩意兒。」隨後，他收到幾百條回覆，提供他各式各樣的逃生意見，佛萊也向大家更新工程師的進展，最後成功從電梯脫困。同時，跟這則事件相關的文章開始出現在網路上，不只是英國媒體，還有澳洲跟紐西蘭的媒體。有部落客推測：「《與史蒂芬・佛萊一同受困電梯》可能會成為一個好看的節目，一切都是因這名演員而起。」

　　這件事情，點出傳統新聞媒體寫報導的方式開始改變。跟記者追名人的獨家新聞、或者從狗仔或八卦消息補風捉影不同，這個新聞的來源是主角本身。媒體公司根據推文在網路上受歡迎程度和實時影響規劃排程，而非自行

決定。如果推文正在瘋傳，就表示這件事情值得關注。擁有自己絕對話語權的個人，以及他們自願以這種極短的形式分享他們的生活，開始在網路上激起漣漪效應。根據Google 的搜尋趨勢，「史蒂芬・佛萊 電梯」的搜尋量從他開始發推文時開始暴增，而這次事件的後續新聞，直到大概四個月之後才停息。雖然大眾能夠在這名演員的推文上面直接跟到這次事件，Google 的搜尋量證實，人們還是想要看到實質內容以及長文報導，儘管那些內容也不過是重新寫一遍佛萊推文的內容與一些片段推測。

佛萊肯定不是第一個用推特的名人，但他是早期採納者，而且他也決定將電梯事件用推特記下來，這證明了**跟傳統媒體相對的是，個人在全球舞台上若掌握話語權，就會變得如此強大**。艾希頓・庫奇（Ashton Kutcher）、歐普拉・溫芙蕾（Oprah Winfrey）、小賈斯汀（Justin Bieber）、女神卡卡（Lady Gaga）、凱蒂・佩芮（Katy Perry）都是推特的早期採納者。不過佛萊證明了，推特能夠讓名人成為數位網紅，只要他們願意向追蹤者展現最親密、最日常的情況，以往這樣的事件可能不會被報導，也屬於私領域，他證明了，提供與粉絲直接對話的管道，傳統媒體的定位、報新聞的人，可能一百八十度翻轉過來。推特在 2006 年推出，當時透過個人獨立分享的時時

更新，使這個平台展現它提供給個人與全球溝通的能力。

　　不過，**推特仍然屬於特定網紅的平台，不像 IG。IG 可說是每一位內容創作者重要的發聲管道，確保他們能夠達到最大的商業潛能**。事實上，那些在推特上有大量追蹤數的人，更喜歡的是能夠驅使粉絲，將他們的意見分享至主流媒體，而非獲得品牌合作或者直接增加收入。意見就是他們的貨幣，他們能夠及時、簡短的給予意見，就是他們展現影響力的方式。他們不是要成為最漂亮、最誇張、最會穿衣服、最真誠或者最誠實的人，他們想成為最聰明、最有爭議、最極端的人，讓其他用戶能夠出於本能的回覆他們。

　　推特之所以會發展成今天這樣的平台，以及那些在平台上的網紅，大致可歸因於要如何在推特累積粉絲，推特用戶跟他們的追蹤者那種快速、讓人腎上腺素激增、一來一往的互動模式。記者兼梗圖作者 Mollie Goodfellow 說：「我時不時會覺得應該不要再用推特了，但我需要網路上的大家注意我。」

　　沒有別的平台能提供像推特那種對話的模式，在這個平台呈現的影響力跟 IG、YouTube、臉書上的完全不一樣。推文的價值在於其傳播的速度跟幅度。此外，不管傳統媒體多常查看這個平台，探測大眾對重大事件的反應，

不管這個行為正確無否，推特實際給個人機會去定義敘事、對大事件發聲。有大批媒體界、政治界的具影響力的人也使用推特，代表著推特能夠發揮的影響力完全超出他們自身影響力的等級。畢竟，到 2018 年年底，推特用戶只有 3 億 2 千 1 百名用戶，跟其他同時代的社群媒體，像是臉書、YouTube 跟 IG 相比，像是小巫見大巫。

品牌能夠有意義運用推特的數位影響力嗎？當然也不是不可能，事實上，品牌運用這個平台來對權威說真話、或者寫出微妙又清楚的幽默內容，以強化受眾對他們的喜愛。以漢堡王為例，這間公司在 2018 年回覆肯伊‧威斯特（Kanye West）的推文稱自己最喜歡麥當勞，寫道：「那很多就解釋得通了。」這則推文收到超過一萬個愛心，也在網上瘋傳。同時，肯德基祕密配方包含六種香草、五種辛香料、而肯德基的推特上，就只追蹤了五名辣妹合唱團（Spice Girls）的成員，跟六個叫香草的男性。

品牌能在這個平台上利用網紅嗎？可以，如果他們想要跟這些帶領並定義對話的人連在一起，這些對話也極可能引起主流媒體的注意，因為推特的重點就是個人的意見，以及如何才能引起許多人的情緒反應。但要抓到這種特殊的影響力模式、要很有技巧，而且了解這個模式比其他平台上的模式還要複雜得多。

» 在推特上如何運作影響力？

概念、討論、辯論……**在推特上的影響力比較不像是賣東西、推廣產品，而是推廣某一種看法**，這也就是為什麼在推特上，有許多追蹤者的用戶並不會收到太多商業合作機會。事實上，許多本書訪問的網紅經紀人，都表示他們的客戶並不想要商業化推特帳戶，他們基於商業的考量，想要讓這個平台看起來有趣。不過，既然推特上最有效的運用就是推廣理念跟意見，那些已累積大批受眾、每天經常分享個人意見的人，也會懷疑他們在同溫層效應之下到底真正有多少影響力。Hugo Rifkind 是記者，也是《泰晤士報》的專欄作家，他在 2009 年開始用推特，將推特視為「互動式筆記」，不是能替他的事業帶來助力，或者讓他變得更有影響力的東西。他說：「這對我們辦公室的人來說很普通。」

十年過去了，他在推特上有十幾萬粉絲，轉推他的作品或者想法，不過他懷疑在這個平台上看起來很有人氣是否就能讓他成為網紅。事實上，他認為如果他有機會發揮影響力，應該是在他擔任作者的紙本媒體。

他說：「我不覺得自己是網紅，因為我覺得我沒有辦法在推特影響特用戶的看法。」「身為泰晤士報的專欄作

家，我覺得那些不認同我的人更有可能看到我寫的文章，而讓他們去思考。」他補充：「在推特上面，比較像是跟同溫層喊話。」

儘管他的直覺看法這麼認為，他還是試著動員他的粉絲支持水資源慈善運動，幫助一間致力於提供開發中國家乾淨、安全的飲用水的非營利組織，也是他長期支持的機構。但在推特上分享跟捐獻有關的內容效果並不彰。

他說：「我在想，如果我常推文，當然會獲得一些注意力，可能有五、六個人會轉推我的推文。」「我可能會帶來一點影響力，但過沒多久，就會被忽略了。」

同為記者兼作者的 Dan Hancox 經常撰寫音樂、社會運動、仕紳化相關的評論，作品散見於英國跟美國的刊物，他同意 Rifkind 的看法。雖然他在推特上經常參與政治議題，或者時事辯論，他也懷疑這是否會對真實世界造成影響。他說：「那些在推特上追蹤我的中間選民，會因為我的想法而改變他們投票的對象，我覺得機率是零。」

Rifkind 跟 Hancox 對於他們影響力有限的看法是正確的。推特能夠使同溫層效應更兩極化，因此大家會認為在同溫層泡泡裡面的主要意見就是主流，推特的創辦人傑克‧多西（Jack Dorsey）在 2019 年接受《滾石雜誌》採訪時，就證實了這點。他說：「我們的平台分化了群眾，

使人隔絕，也讓人們認為自己的偏見是對的。」

不過，儘管大眾認為這個平台「就是媒體互相在對話」，Hancox 認為在上面還是有「值得一打的仗」，因為在推特上發表意見，能夠有效的把這個人送到主流媒體、紙本和數位媒體上。跟 Rifkind 一樣，Hancox 認為這就是個人可以擁有真正影響力的時候，他在推特上的大量推文，就能帶他走到這個階段。自從 2017 年英國大選之後更是如此，因為從平台看來，左派獲得的支持比主流媒體想像得還要多。他說：「這也說明在媒體中占有關鍵位置的人已經變得與現實脫節。」Hancox 承認，經常有一些編輯因為他在推特上的推文來找他，也看到推特讓原本不會得到機會的那些人進入主流媒體，「而在主流，大眾才真的能聽到你說話」。

不過，有一位似乎能夠一再突破同溫層，將他的意見放送到廣大受眾之間——美國總統唐納·川普（Donald Trump）。Rifkind 解釋：「某些右派人士跟某些硬左派很會譁眾取寵。他們不只說他們支持者想聽的內容，也會讓反對者過於震驚，因此參與討論。」他補充：「這樣一來，川普就能掌握兩邊的話語權。」

沒錯，這位美國總統能夠轉移焦點、或者讓人分心，不只包括左派或右派，還包括其中的所有人，這也就表示

他（或者他的數位策略師）是成功的偶戲操縱師，推特就是他們操作媒體風向最有效的工具。第一夫人梅蘭妮亞‧川普（Donald Trump）在 2018 年 6 月造訪德州的美墨邊界兒童拘留中心，身上穿一件寫著「我不在乎」的夾克，她在推特上的粉絲高聲讚同，稍後她表示是穿給左派媒體看的（她宣稱媒體對她的衣著過於著迷），左派媒體立即以大量憤怒評論回擊。突然間，梅蘭妮亞的夾克變成當天最重要的事情，而不是她去拜訪的弱勢兒童。

美國總統、總統一家以及其數位策略團隊似乎了解，要在推特上造成犀利的內容，必須訴諸於用戶最原始的情緒。BBC 記者、也是《類右派：從 4chan 到白宮》的作者邁克‧溫德林（Michael Wendling）說：「這就是網路內容為什麼會瘋傳，你要不就是非常同意，感到開心，或者是你覺得非常火大，必須要轉貼並留下評論。」

以政治上的操作來說，另類右派人士擅長利用推特推送內容，並影響主流媒體，而且幾乎把它當作一項運動。不過溫德林強調，這類的成員並沒有在推特上面動員，而存在於網路的陰暗角落，這些人只是利用這個平台，加重和控制左翼的議程。他說：「推特是用來傳遞的機制、而非問題的根源。」並說明這個平台是帶有汙辱歧視內容的最後一站——從 8chan、4chan、Reddit，一路傳到推特以

及臉書。溫德林說：「另類右派討厭主流媒體，但也很希望主流媒體注意到他們。」

提到美國政治，有一位也經歷過從默默無聞瞬間變成國際知名人物的經驗，作家 Mollie Goodfellow 在 2016 年唐納 · 川普當選之後，開始做一些巴拉克 · 歐巴馬與喬 · 拜登的好基友梗圖。

這些梗圖的前提是：歐巴馬大方離開白宮，而拜登執意攻擊新上任的總統。雖然因為年輕的受眾很熱衷於這種形式，每天有數以千計的圖在推特上誕生，這些梗圖被主流媒體使用，也讓大眾普遍對於歐巴馬之後時代的焦慮感稍微緩解。

Goodfellow 解釋：「在唐納 · 川普贏了大選的那一天，我在天空新聞（Sky News）上班。大家都非常震驚，好像不可能有比這更糟的事情發生。我們了解到歐巴馬真的要走了，我覺得我應該做點什麼，好感覺不要那麼糟。」

在 Goodfellow 原本的梗圖中，也就是她在大選晚上在推特分享的那張圖，拜登很氣川普當選了，而歐巴馬幽默的展現外交手段。那張梗圖被轉推了六萬多次。她說：「大家熱烈回應，有些人還製作屬於自己的版本。」「回應熱烈的程度讓我手機都爆了。新聞界的人開始打給我，問說能不能聊我做的梗圖。」「從那時候開始，這類型的

梗圖變成後歐巴馬時代的數位文化，因為就連前總統本人在前副總統 2017 年生日的時候，也發了一張梗圖給他。」

自從爆紅後，Goodfellow 認為自己喜劇作家、梗圖作者、記者的職業生涯開始起飛，他開始幫喜劇演員法蘭基・博伊爾（Frankie Boyle）還有 BBC 的時事問答節目《新聞問答》寫劇本。不過，被問起梗圖為何如此成功，在推特上發揮這麼大的影響，她只說：「梗圖很好笑，大家喜歡好笑的東西。」她認為梗圖能夠「簡短的」解釋荒謬的狀況。「只需要完美的照片。」她也強調大家對於梗圖的文化越來越著迷（如果製作出有趣的梗圖，粉絲數會明顯增加），人們需要知道在梗圖所隱含的文化意涵。她引用 Netflix 2019 年的電影《蒙上你的眼》（*Bird Box*），這部電影的背景設在末日之後，有股神祕的力量使得人們去自殺。電影一推出之後，馬上有許多梗圖在推特上到處流傳。她說：「在社群媒體上出現超多梗圖，所以人們只好看電影，為了理解梗圖的意思。」「這個概念還蠻新的。」她補充，年輕一輩的人喜歡用梗圖溝通，因為梗圖能夠快速表達某種概念，而且她相信這些梗圖做為內容形式的一種，已經被普遍接受。

不過，在推特上頻頻發表政治看法，也不是單單的只是陳述觀點、發起辯論並同時傳播思想。對於某些處於較

不自由社會的人，若被認為太具影響力，他們可能在發表能夠激起動能的看法後，就會面臨一些被噤聲的手段。其中一例，就是 2018 年巴基斯坦大選時使用推特的方式。在此之前，該國的三個主要政黨：巴基斯坦穆斯林聯盟、巴基斯坦人民黨、巴基斯坦正義運動黨，都建立社群媒體的單位，這些政黨透過幾位關鍵網紅傳遞消息，這些網紅替政黨政策背書，批評對手。

在 2014 ～ 2017 年大選之前，擔任巴基斯坦和阿富汗駐法新社記者伊桑姆・艾哈邁德（Issam Ahmed）說：「到目前為止，都很符合規範。」不過，因為巴基斯坦軍方專心壓制網路上的異議人士，在推特上發表軍方不喜歡的觀點的部落客跟和網紅都遭到安全部門的隨意拘留。

艾哈邁德說：「這樣做的目的，就是消除那些對軍方的批評聲浪，而在巴基斯坦歷史上，有半數是軍人治國，到現在仍然是主要政權。儘管在 2008 年，看似恢復民主制。」「第二個目的，就是限制對軍方政黨的批評，也就是後來勝選的、伊姆蘭・汗（Imran Khan）所屬的巴基斯坦正義運動黨。」

艾哈邁德相信軍方抑制網紅發聲這件事「相當成功」，因為批評的聲浪都不見了。包括現在流亡法國的記者塔哈・西迪基（Taha Siddiqui）；人權社運分子兼記

者古爾‧布哈里（Gul Bukhari）——也是艾哈邁德的阿姨——她在 2018 年 6 月被士兵綁架過一陣子。艾哈邁德說：「還是有一些反對的聲音出現，但大多數的反對意見都已經變小了，而且社群媒體現在或多或少都在掌控之中。」

儘管政治、文化、時事就是推特的命脈，推特上的網紅不只在這些領域才有機會改變、或者在這些已經建立起來的領域發揮影響力。品牌如果能夠發出看似令人不悅、或者與現代觀點不同的廣告宣傳，也可能處於網路聲浪的中心。以美妝新創公司 Uspaah 為例，它在倫敦地鐵刊登的廣告就引起負面的注意，那則廣告鼓勵忽略自己伴侶的男性購買手足保養。有許多人在推特上分享這則廣告，認為內容帶有性別歧視。自 2014 年以來，支持女權主義的千禧世代評論越來越常見，某些對女性宣傳某種理想外貌的品牌，在他們的主要受眾間激起一股反對聲浪。主要目標讀者為這群人的媒體也推波助瀾，像是 Refinery29、現在已經關站的 The Debrief，以及部落格 Vagenda。

同時，從 2018 年開始，演員兼社運人士賈米拉‧賈米爾（Jameela Jamil）開始在網路上有意識的指出那些針對年輕女孩推出減重產品，以及那些收錢替產品推廣的名人。

Poorna Bell 是記者、作家兼心靈健康網紅,她經常在社群媒體上討論積極的身體意象跟社會表徵,也相信推特能「有極大的幫助」,告訴品牌他們傳達的消息有問題。她補充,起身對抗那些暗示我們應該長成怎麼樣的品牌,這點特別重要。「這代表權力不再像過去那樣只供象牙塔裡的人運用,品牌不能再隨便傳遞訊息而安然無恙,這種訊息會助長我們身體周圍不斷滋長的有害想法。」

　　Bell 也感謝推特能跟 IG 平衡一下,因為 IG 充滿濾鏡美化、影像編輯,強調完美的故事,容易讓人陷入「人比人,氣死人」的循環,就像是本書第一章英國公共衛生皇家學會所提到的。她承認,在她將 IG 上的追蹤清單大掃除之前,她如果發現自己跟其他用戶相比外貌不如人,或者運動不夠多,就會花幾個月「自我鞭策」。她說:「在推特,就能討論這樣的話題,而且老實說,推特也教我,讓我慢慢了解到有些我原本覺得習以為常但認知是錯的東西。」

　　儘管當品牌傳遞的消息有問題時,網紅能夠在推特上直接、公開點名品牌,讓審查廣告是否合理這件事也變得無比重要,但這未必能夠引起漣漪效應,引發改變。大尺碼時尚部落客 Chloe Elliott 經常在推特上點名零售商,因為事實上,許多公司根本不顧大尺碼的顧客。不過,就算

這些公司會從她的社群得到消費者的注意力，她說有許多公司會忽略她的推文。她說：「他們完全不在意大尺碼的消費者，所以根本不想花時間回應我們。」那些確實回應的人常說他們正在努力，好出現更多大尺碼的代表，但是Elliott強調，她一直聽到這種回覆，因此她也不再覺得放心，許多時尚品牌似乎不願意製作，或者在廣告上展示大尺碼的系列，她覺得很困惑。她強調：「有更多品牌這樣做，就使我們離得越遠，我們就不大會去買這些品牌。」

» 影響媒體權威

推特的崛起，做為一個群眾外包的新聞聚集地，無疑讓傳統媒體與消費者之間的關係變得更緊密，但也使前者的權威降低，主要是因為它允許討論議程不明——甚至似乎沒有討論議程——的個人，擁有與整個新聞機構相等程度的認知權力。

溫德林解釋：「實際上，社群媒體使權威降低。如果你有十萬名粉絲，一份本地報社也有十萬粉絲，這兩者會被視為一樣有力的。有些人位於非常極端的地位，粉絲數量龐大。值得一提的是，這些都是推特裡面的功能，是做

出推特的人設計、有意識做出的決定。」他補充：推特可能也可以不要那麼強調追蹤人數。

溫德林也認為，該平台認證的機制很不明確，也就是證明真實身分的藍勾勾充滿問題，因為用戶不知道為什麼他們應該相信這個帳戶，而不是另一個。推特表示，藍勾勾能夠讓用戶辨別具「公共利益的帳戶」，但推特也說認證不等於背書。

儘管如此，溫德林更深入分析人們為什麼覺得經過認證是有幫助的，因為藍勾勾被大眾視為正字標記。他說：「這些就是推特認證的人，但他們講了一堆垃圾話。」「要得到認證非常容易，不只是組織或者新聞媒體才有。在認證上，完全沒有清楚的標準。」

媒體組織跟個人都可能擁有一樣數量的粉絲，也都能經過平台認證。對新聞媒體來說，這就很有問題，因為這代表兩者是平等的。然後，隨著連續不斷的討論聲跟推文，在實際上尚未弄清事實時，好像可以讓任何新聞的基礎變得簡單明瞭，迅速理解。Rifkind 承認：「很容易被導到錯誤的那一邊去。」他說：「每次選舉，我都會去英國不同地方演講，上一次我去了康瓦爾郡。我如果只是坐在書桌前使用推特，我可能就會完全誤解大家的意思。」

Rifkind 也舉西方世界對阿拉伯之春的觀點為例。阿

拉伯之春是 2010 年在中東的一系列革命浪潮，導致突尼西亞、埃及，利比亞和黎巴嫩的領導人下台，西方世界認為這一切是由推特的推文所驅動，但那並不是真實的樣貌。他承認：「有許多西方記者把人們的推文跟他們的真實想法搞混了。」

艾哈邁德目前為駐華盛頓記者，從川普競選的事件來看，他同意這個平台的用戶很會搧風點火，但他也認為，在推特發明之前，那些熱衷於華盛頓政治分贓的人，只是把事情搬到有線電視裡面。推特縮短我們跟事物的距離，互動也變多，可以說是有正面影響，但也讓人更容易誤解，不只是大眾，對媒體也是。

以下是一則經典的例子：2019 年 1 月，一群戴著寫有「讓美國再次偉大」帽子的「科文頓青少年」跟美國印地安原住民老兵內森・菲利浦斯（Nathan Phillips）在反墮胎活動「為生命遊行」中起了衝突。推特上一則影片瘋傳，看起來好像其中一個男生在菲利浦斯歌唱打鼓時沉默的蔑視著他，擋住他的去路。

這個挑釁的舉動激起一番評論，還有憤怒的推文。不過，稍後出現一段較長的影片，顯示菲利浦斯才是先靠近這群青少年的人，擋住他們跟另一群人——黑色希伯來人。他稍後表示他這麼做，是想要緩和雙方的緊張情緒。

那些科文頓青少年可能只是不知道怎麼辦，不是嘲笑他，而且有些人也跟他一起唱歌。

艾哈邁德說：所有主流媒體報導這件事的角度其實對那群青少年很不公平。因為現在的媒體新聞節奏是由社群媒體所驅動，新聞出處也傾向於此，如果這件事情符合比較概括性的認知，那應該就是那樣沒錯。在這個例子，就是川普時代種族歧視的結果。

他承認這樣的結果就是疏於盡職調查，也讓許多人鬧笑話。他補充：「我覺得我們還在學習中，在經歷過一些明顯的教訓之後，希望我們能夠反省、檢討自己的作法。」

好的一面是，曾獲英國影藝學院電影獎的媒體工作者馬克·代利（Mark Daly）因為這種瘋傳的行為或推特上的討論，不再當記者，而改拍紀錄片，他的作品也引起大量討論，內容主要包含英國警察的種族歧視行為、1993 年英國青少年史蒂芬·勞倫斯謀殺案、蘇格蘭「老字號」足球隊塞爾提克及格拉斯哥流浪者的內部問題。有了推特，觀眾就能與他聯繫，他們的觀影經驗就成了互動式的，若有人提出建設性的批評，他能跟他辯論。他說：「我不會跟所有人互動，但如果有人對了你的作品真誠的評論了一番，我覺得回應就很重要。」他並補充：「曾經有好幾千人猛烈攻擊我，但後來發現他們根本沒看過我的紀錄片。」

除了他自己會使用推特，他認為推特對於媒體仍有正面影響，因為推特讓觀眾能夠「直接參與」某個故事。他也認為，傳統媒體如果要在數位時代生存，應該將社群平台納入他們產出的一環。「不是每個人都有時間坐下來看你的紀錄片，或者讀你的專題報導。」「我做的那些東西，會看的觀眾越來越少，所以你應該找到新的方法，讓人跟你互動。」

　　但是，他確實提到一個有趣的點，是推特對傳統媒體有害的，也就是當記者也被鼓勵在推特上發表評論，要找到幾乎沒有數位足跡的人，去當臥底是很困難的一件事。他雖然在蘇格蘭當過五年的報社記者才加入 BBC，以實習警員的身分當臥底，他獲得 2003 年英國影藝學院電影獎的紀錄片《祕密警察》記錄這件事，以往他工作的報社在網路上的內容不夠多，所以對他不造成影響，他才能夠以「乾淨的身分」——也就是跟媒體業無關的身分——當臥底。

　　他說：「以深度臥底的角度來講，現在對使用社群媒體的人來說幾乎不可能，因為人們會看你的推特或臉書。」「現在要展開臥底行動當然比較難，如果他們在新聞界工作，不使用社群媒體，也可以。你可以跟沒有新聞背景的人合作，但又會產生別的問題。」

換句話說，為了跟上推特時時更新的各種觀點的和日常細節，傳統媒體有可能會使自己無法深度投入那些社會根基的更大問題，這些問題通常不在網路上，也應該受到質疑。還有那些在推特上大量流傳，被認為是新聞內容的社論，也是對媒體權威的挑戰。溫德林說：「有許多人自認為媒體人士，但他們實際上只是評論者。」在這場激發互動、觀眾成長、取得最大推特聲量的比賽中，新聞跟評論的界線顯然已變得模糊。除此之外，推特能基於那些引起吸引力的推文跟問題定義議程，因為用戶不斷挑戰主流媒體本身的議程，在許多情況來說，是在定義主流媒體的議程。推特上的網紅很有可能困在一個泡泡裡，直到編輯或者製作人提供他們向主流觀眾的管道，不過這都是因為他們評論的數據、按喜歡的次數跟轉推數，才能獲得這種強力的跳板。

　　Rifkind 相信，這種透過推特、網紅的新聞民主化，代表著線上主流媒體的未來就在於付費閱讀，他也認為因為大量假新聞的出現，會促使消費者花錢購買可信任的消息。他說：「垃圾內容太多了。」艾哈邁德同意，在一團混亂的線上內容之中，想要真相的慾望會使傳統媒體持續存在。他說：「我們也需要那些善於溝通人士去過濾原始內容，理解前後文，在蓬勃的假新聞時代中還要事實查核。」

結論是，推特和帶動話題的網紅取代傳統媒體、或讓傳統媒體消失的機會不高，推特也問題多多，因為推特可能在定義重要跟權威上有誤導之嫌。未來的資訊由三種來源組成，但媒體人必須更比以往更努力才能被聽到，也要依據事實對抗推特的主驅動力——也就是情緒。

◆案例分析◆ 我們都活在起司潛水艇中

2018 年 12 月，《泰晤士報》的專欄作家 Hugo Rifkind 決定在推特上寫解釋英國脫歐的討論串，他將英國脫歐比喻為蓋一艘用起司做的潛水艇。

兩週後，他在一篇文章中解釋他的動機，他寫：「我坐在階梯上，滑著推特，感到生氣（這也是我唯一的興趣）。我開始想，英國脫歐的辯論已經進入明顯不誠實的階段。所以為了我跟眾人的利益，我想要把這整個很獨特的辯論轉換為其他東西。」

其他東西指的是起司潛水艇。為什麼？「那是我能想到的最不切實際的事情，但實際上也不是不可能。」

不是所有人都懂。最一開始回覆的人之中，有人說：「你的意思是脫歐是可行的嗎？」我只能回他：「你的意思是用起司建潛水艇是有可能的嗎？因為整個論點就是這不可行。這極為愚蠢，而且注定會失敗。」

整個討論串的前提就是，建造起司潛水艇這件事情根本是瘋了、不會成功，而且英國首相德雷莎‧梅伊（Theresa May）也知道這件事不會成功。不過，為了獲得並維持權力，她必須假裝英國脫歐可行，因此持續進行，她的同僚認為可以建更好的起司潛水艇。Rifkind 認為，大家都在說謊，因為用起司根本無法建一艘好的潛水艇。

這則討論串被瘋傳，並獲國際媒體報導，不只是因為內容好笑，根據 Rifkind 所說，因為這向那些不懂英國脫歐的人解釋英國脫歐是什麼。這個比喻也被哈佛政治系教授雅斯查克・蒙克（Yascha Mounk）拿來解釋為什麼「英國 2016 年的公投是可預測的一團糟」，這也讓 Reddit 網友笑開懷。這則討論串最後抵達哪個最有影響力的地方呢？「一位德國國會議員在德國聯邦議院唸了這則討論串。」Rifkind 說：「沒人笑得出來。」

三件推特大事紀

#SaveRahaf

荷芙・穆罕默德・奎農（Rahaf Mohammed al-Qunun）在 2019 年 1 月不再信奉回教，逃離她在科威特的家人，並打算前往澳洲——當時她年僅 18 歲。不過，她的護照在曼谷機場被沒收，她把自己鎖在機場飯店房間內，上推特尋求幫助，將她的經驗記錄下來，並根據「人權觀察」（Human Rights Watch）這個組織告訴她的建議：不管如何，一定要確保手機不被沒收。她告訴全世界她很害怕回科威特之後會遭家人殺害。五天之內，她的推文不斷被轉推，荷芙獲得聯合國難民署的難民身分，並獲得加拿大庇護。

#MeToo

這場運動的導火線，是 2017 年 10 月演員艾莉莎・米蘭諾在推特上寫著：「如果你曾經受到性騷擾或性侵，寫下『me too』並回覆這則推文。」結果呢？

數千名女性使用 #MeToo，寫下他們所受的性虐待及性暴力。她的靈感來自一位朋友，當時有大量女性指控哈維・溫斯坦性騷擾，她的朋友建議，利用推文，讓大家了解女性在各種行業裡所面對的性騷擾的程度。米蘭諾發完推文之後就去睡覺了，但當她醒來之後，發現她收到 55,000 則回覆。但這還不是 #MeToo 運動的起源，這項活動最早在主題標籤出現之前，是由社會運動人士塔拉納・伯克（Tarana Burke）於 2006 年在 Myspace 上所發起的。

#EdBallsDay

這個活動源於 2011 年 4 月 28 號，當時英國的影子財政大臣、英國工黨前國會議員埃德・鮑斯（Ed Ball）在推文寫下他的名字。他解釋，當時他由於助理的建議，想要在推特上搜尋關於自己的文章，但他把搜尋框跟對話框弄混了。結果？每一年的 4 月 28 日，有許多人會寫著 Ed Ball 以紀念這一天。

◆ 推特是由文化時事、政治環境所驅動，因此想要利用推特的品牌，其社群媒體經理必須有權能夠用時事發揮。推特上面大部分成功的內容，也就是說讓眾人轉推的文章，通常是幽默的一筆，不管指的是時事，或者是用時事比喻讓人有共鳴的內容。

◆ 如果你想要梗圖瘋傳，最好的平台就是發在推特上，雖然梗圖文化在推特占了很重要的一部分，但要想一下這種風格是否符合你的品牌調性。多產的梗圖作者 Mollie Goodfellow 強調，如果品牌持續與年輕受眾互動，以他們懂的方式溝通那些會影響他們的事情，在這個情況下，梗圖就是品牌內容很自然的一部分。不過，如果品牌的目標受眾年紀較大，也很習慣把推特當作客戶服務的工具，就要思考一下梗圖對你的消費者帶來的價值是什麼。

◆ 對於那些在消息傳遞方面出問題，或者無法很妥善應對特定消費族群的公司，回應在推特上點名你的網紅是很重要的一件事。不過，要避免罐頭回覆，特別是對於那些高調的網紅來說，儘管品牌可能承諾做出改變，但從他們的角度來看，事情就是沒有改變。可以考慮定期更新目前發展的狀況，避免落入推特點名文化的陷阱。

◆ 推特上的重要網紅並沒有利用這個平台來推廣產品或者商業合作，而是獲得傳統媒體品牌的編輯或者製作人的注意力，好把他們的想法傳遞給主流的受眾。對他們來說，這才是最重要的。就算那些擁有數十萬追蹤者的網紅也無法改變粉絲的看法，或者讓他們做出某項行動。「在同溫層喊話」這句話也常被提出來。

◆ 雖然許多評論認為另類右派人士經常用推特做為社群媒體的工具，但另類右派實際運用推特的方式跟重要網紅一樣，分享他們的看法、新聞和「惡作劇」，能吸引主流媒體的關注和報導。透過這種意識型態定義自己的線上團體，也能在網路上的其他地方運作。

6・Instagram 與千禧世代的反抗

從 2014 開始，全球經濟蕭條帶來經濟不景氣，IG 提供千禧世代、以及想法跟千禧世代一樣的人很重要的機會。

賽門・西奈克（Simon Sinek）在 2016 年稱千禧世代自我感覺良好、缺乏信心；澳洲富豪提姆・葛納（Tim Gurner）在 2017 年表示千禧世代買不起房子，因為他們固定買酪梨吐司。在這之前，主流媒體對於這一代的人就已經敵意重重。他們就像「雪花」，沒辦法下承諾，難以管理。他們網路成癮。許多老一輩的人因為千禧世代不符合他們的標準而感到挫折。

早在 2014 年的研究就顯示，千禧世代不僅在傳統工作環境，以及在許多社會上的機構都感受不到歸屬感，那剛好也是 IG 發展起來的同一年，IG 成為時尚、美妝、生活類網紅的地盤，這些網紅非常想打造新的事業。

同一年，皮尤研究中心發表〈成年的千禧世代〉研究，發現這群人較不投入有組織的政治或者宗教活動，身上所背的債也不少，相對的也不在乎結婚。他們沒有關注現實生活中停滯的就業市場和不斷上漲的房價，而是將注意力

轉向一個成長中的區塊——也就是數位與社群媒體。

　　皮尤研究中心發現另外一個有趣的點，就是在這個時候，**千禧世代是一群本質上很樂天的世代**。他們不想要陷入畢業之後看似悲慘的泥淖，他們想要將正向的心態轉移到探索新的領域。畢竟，在 2014 年經濟呈現通貨緊縮，大家也擔心先進國家在 2015 年將陷入衰退。傳統的工作環境能提供如以往的保障嗎？當然無法。

　　不過，最有趣的是，這個研究發現，**千禧世代的人跟過去的世代不同的是，他們是把自己放在社群媒體帳號的中心**。其他人可能分享外向的內容，他們放的是自拍跟個人更新。他們對於社群媒體的定義，直覺式的認為是用來記錄自己，這就是為什麼到目前為止，IG 的主要內容大多是個人的故事（在 2019 年，90% 的 IG 用戶都不到 35歲）。

　　對千禧世代來說，IG 好像顛覆所有他們被告知的世界。主流媒體可能認為千禧世代的價值觀不好，但從 IG 看來，生活可以過得充實又精彩。生活類雜誌持續為那些千禧世代買不起的精品拍照，網紅製作快時尚的內容、以及平價產品購物影片。在 2014 年，大量快速消費品進入了生活類的市場——別低估這個重要性，因為這成了許多網紅的目的。他們變成千禧世代需要的購物編輯，讓他們

做出被告知的消費者決策，以利在多如過江之鯽的廉價服飾跟品牌中做出選擇，辨別哪些是真正值得花錢購買的好貨。在 ASOS 上搜尋條紋毛衣，可能得到數百個搜尋結果，但網紅可以直接告訴他的粉絲，在眾多選擇之中究竟哪一個才是他們應該買的。讓人毫不意外的是，2014 年對快時尚零售商來說也是大豐收的一年，普萊馬克的利潤成長 30%，而波豪宣布銷售大幅成長 62%。ASOS 則在這波趨勢上稍微受到壓抑，因為進入中國市場花的創業成本讓股價跌了 31%，但當年仍如期賺進 4 千 5 百萬英鎊的利潤。

同時，以千禧世代為主的新創媒體品牌，像是 Refinery29 跟 Buzzfeed 都開始模仿網紅形式的內容，因為他們發現，他們的目標客群最喜歡那種風格的編輯文。傳統生活媒體持續優先與那些高高在上的品牌合作，維持他們的單一風格跟觀點，但這些變化萬千的新出版商將形形色色的個人推到最前端。這些人有效塑造品牌的形態，也推動產業前進，因此這些媒體品牌並不是單一、永恆不變的中心思想。

儘管千禧世代在周遭世界停滯的時候，透過 IG，踏入了成長快速、新的娛樂領域，猶如先前的 YouTuber，他們決定要加入這個領域，卻被社會描述為要放棄一般生

活。不過，不管那些經濟上的數據或專門針對千禧世代的調查，若問任何一位網紅，他們在 IG 出現之前的生活是怎樣的，答案很一致，他們並不滿意當時生活中的其他選項。跟早期 YouTuber 的心態不一樣，YouTuber 熱血、想要共好，而 IG 紅人的心態只是因為他們也沒有什麼好損失的。

攝影師 Jonathan Daniel Pryce（網名是 Garcon Jon）2014 年在 IG 上建立起名聲。他從 2012 年便開始使用 IG，也承認對那時畢業的千禧世代來說，市場上的工作機會並不吸引人。他於 2009 年自斯特拉斯克萊德大學獲得行銷學位畢業，提到他畢業那時候的景氣跟他 2005 年入學時相比：「我剛念大學的時候，聽說如果能夠拿到一等學位、畢業之後將大有助益。結果遇到經濟大蕭條，我拿了一等學位，卻沒人關心，但我注意到社群媒體開始改變世界上的工作。」

根據時尚部落客兼作家 Katherine Ormerod 的經驗，她發現那些已經建立起受眾的網紅能找的傳統全職工作其實有限，因此也激發她去思考，她的事業將往哪個方向走。她從做《紅秀》（*Grazia*）的編輯時開始累積 IG 粉絲，也說要藉由這樣的成就來變現，但其實問題重重。她說：「品牌會要求我做一些事，但之前並沒有任何前例，我無

法用我的內容建立事業。」

創業家兼「Forever Yours, Betty」部落格作者 Sheri Scott 認為，她在傳統職位上的兩次經驗讓她覺得不受賞識、沒有熱情、筋疲力竭，她才發現她能夠在 IG 上面建立獨立的事業。

她的第一份工作是在格拉斯哥一間知名百貨公司管理熱門二手名牌專櫃。她說：「我穿 0 碼，一週工作 60 小時，年薪 1 萬 3 千英鎊。」「我在管理職上不會獲得任何加薪，而且工作三年之後，我知道我沒辦法一直做這份工作下去。」

之後她換到一份薪水較高的工作，做了一陣子，了解到工作上的成就感是她覺得滿意的關鍵。「我過去高估金錢可以帶來的快樂，而且老實說，我也沒有什麼好損失的。」因此她以 IG 跟部落格做為跳板，將她的技巧跟人際關係運用在自己的品牌上，向那些想要改善數位表現的公司證明她工作認真、可信任、也十分有創意。如今，Scott 的部落格跟 IG 已經是她事業版圖裡最小的一部分，她的事業包括品牌顧問，還有一間摩登的咖啡廳 Roll with It。

這種渴望建立某種東西、期望獲得滿足的想法，也呼應皮尤研究中心的結論：千禧世代本質上很樂觀。不過在當時現有的選項當中，並無法得到這樣的回饋，藉由 IG

這項工具，他們就能開創出新的路徑。這個路徑不再是困於黯淡的景氣，而是專注於在他們這一代的人喜愛的平台上創作內容。

Ormerod 說：「在那個時候，你好像有兩個選擇：做讓你沒有成就感的工作，但薪水很高；或者做很有成就感的事，但完全無酬。我在替別人工作的時候，無法在其中取得平衡，在傳統工作上，你就是只能擇一。」所以 Ormerod 跟其他像她一樣的人拒絕這兩個選擇，並開拓出一個新的職涯路徑。從根本上來看，就是很千禧世代的一種反抗精神。

» 早期採納者的軌跡

2010 年 11 月 11 號晚上 10:47，攝影師 Finn Beales 加入了 IG。我們先解釋一下他身為早期採納者的背景：IG 在同年的 10 月 6 日上線，他因為經營一間網路代理商，所以聽到了這個 app。當時，IG 社群還沒開始出現，但能夠改變相片色調。他說：「我以為 IG 是一種影像編輯、套濾鏡那種很潮的 app。」

Beales 上傳一張照片，就沒再點開過那個 app。大約

一年後，有一位同事宣布他要從黑莓機換成 iPhone，所以他才能使用 IG。因為那位同事如此想用 IG，Beales 才開始研究如何使用，開始在上面分享他的作品。到那個時候，IG 已經成為創意人士的社群。他說：「那時候 IG 非常互助、很正向，還未受到金錢汙染，也沒有網紅這個概念，當時用 IG 是因為能跟社群互動，因為你想要成為社群的一部分。」

當時的社群裡還包括 Monalogue 部落格創辦人 Mona Jones，他跟 Beales 的同事一樣，為了用 IG 而換 iPhone。她說：「我有存了一些零用錢。」也形容那個app「很潮」。

她說：「一開始 IG 都是跟拍照有關，你必須用手機裡的相機直接拍。」「照片重複性很高，我記得裡面有很多拍得不怎樣的城市風景。」

攝影師 Jonathan Daniel Pryce 在 2012 年加入，記得因為當時的技術受限，某種特定的內容形式很流行。他說：「上面充斥俯拍早餐、長長的道路、因為對稱照很流行。」「後來技術進步，要拍出在小螢幕上看起來好看的照片就更容易了。」

NET-A-PORTER 的編輯總監珍妮 · 狄克森在 2011 年開始用 IG，跟 Beales 一樣，她承認那時候完全沒人能料到這個平台後來會變得如此厲害。她說：「我不覺得大

家當時知道自己在幹嘛。」「我記得我追蹤一位設計師，他放了一張用雛菊蓋住他男友陰莖的照片，我很確定他以為平台不是公開的。我們不了解 IG 是什麼。」

她也記得照片都是對稱的，「整齊」的照片是 IG 上最熱門的。她說：「我那時在《哈潑時尚》工作，會拍最新一期的雜誌跟我的太陽眼鏡放在桌上的照片，這些照片很受歡迎。」

第一期，也就是 2010～2014 年的 IG 粉絲成長，根據早期採納者的說法是非常直覺式的。如果某位用戶得到的愛心多到一定數量，他們的內容就會自動出現在「探索」頁面，用戶在那個時候最多達一億人。雖然仍有競爭，但整體來說 IG 用起來還算舒適。

除此之外，如果成為被推薦的用戶，或者出現在 IG 的部落格上—— Jones 跟 Beales 都被推薦過，粉絲數就會激增。Jones 記得收到 IG 的卡片，也覺得 IG 是重視社群的地方；Beales 幫 IG 寫了拍照教學，也讓他的粉絲大增。他說：「那時候只有六個人在 IG 工作，我可以直接寫信給 Kevin Systrom。」

不過，較少的競爭與平台的推薦，並不是用戶在 IG 第一時期增加粉絲的唯一方法。嘗試不同的內容格式，而不用像之後需要留心互動率以及跟演算法競爭，更能讓創

作者放手去試，也不會太擔心人氣，他們就能專注於他們的興趣，也就是研究出他們到底想要用 IG 來做什麼。

Calgary Avansino 是《Vogue》前編輯，後轉為網紅，再轉變為創業家，從 2011 年開始用 IG 記錄她在時裝週前排的影像跟出差，但她從來不放自己的照片或者貼文。

她說：「我開始討論到我吃什麼、我煮了什麼，以及鼓勵他人做出改變，我就突然頓悟了。」

對 Pryce 來說，他用了一個特別的計畫，使得粉絲數飆高：一百天放一百個鬍鬚。「意思就是我每多一萬個粉絲，我就放一張蓄鬍男士的照片。我的粉絲從那個計畫之後，就成長得很快。」

雖然在 IG 開始的前三年，網紅比較有可能成功，但從來就沒人能夠保證。對很多在其他社交平台已經建立起名聲的人來說，為了要創造出一些大家想看的內容和建立社群，反而讓他們刻意避開使用 IG ——這個現象至今仍然存在。

狄克森說：「你會期望那些推特的網紅在 IG 上也獲得一樣的成功，但基於某些原因，有很多人跨不過來 IG。他們在做的事情沒辦法兩邊都適用，所以 IG 新人因此能夠進來。」

» 2014 ～ 2015 年生活類網紅蓬勃發展

雖然時尚產業在 2013 年就看到 IG 的潛力，IG 網紅熱潮一直到 2014 年才起來，因為大家開始覺得，如果他們再不開始就落伍了。IG 花了四年，才讓用戶數從零成長到兩億，2012 年開始安卓用戶也能使用 IG，自 2014 ～ 2017 年，IG 每年成長一億位用戶；到了 2018 年，用戶已達十億人。

這個時候，平台上許多生活類帳號如雨後春筍般冒出來，以美妝、時尚、美食、親子網紅類為主。原本的社群，也就是創意跟攝影，持續蓬勃發展，生活類的內容使得 IG 成為新奇、好玩的 app 轉變為必須受到重視的一股力量。突然間，美學不再是權威媒體跟品牌的專利。如果推特使得文字的世界民主化，IG 就讓人們拍的影像民主化。

曾任獵頭顧問、Does My Bum Look 40 in This 部落格創辦人 Kat Farmer，她寫的時尚內容，是為了反對那些傳統上認為女性到某個年紀應該如何打扮的規則。她說：「就是那些古訓指指點點，告訴你不要穿得太像少女。」被問到她的策略為何能夠吸引這麼多女性，導致她的 IG 互動率很高，她回答：「我覺得我找到一種風格，能夠跨過那條介於少女與風騷之間的線，而且能夠日常穿著。」

她的主要目的就是「改變固有的觀念」，自從她開始這麼做之後，她相信大眾對於她們這個年紀的人的期待出現大幅改變。她說，個人風格就是生活態度，跟年齡沒有什麼關係。「我記得以前接送小孩上下學的時候，有人不敢穿飄逸長裙，但現在穿成這樣很正常。」

　　2014 年，大尺碼時尚部落客 Chloe Elliott 成立自己的網站也開始使用 IG，她表示這個平台對於展現多樣的身體型態、以及身體自愛「非常重要」。她說：「我不覺得其他平台能夠像 IG 這麼廣泛的分享這個概念。」另一方面她指出，全面性的體態，特別是在時尚零售業，還有很辛苦的仗要打。不過，藉由她的內容，她挑戰了現況跟刻板印象，也與 Nike 這樣的品牌合作，鼓勵她的粉絲擁抱自己的身體、擁抱時尚。對 Farmer 來說，IG 給她一個機會，讓她不照權威傳統媒體的規則走，那些媒體不會鼓勵跟她一樣的女性，或者以負面的方式鼓勵。

　　Elle Ferguson 認為，要讓粉絲產生共鳴，讓粉絲能照著她的建議穿搭打扮，是非常重要的一件事。她說：「我覺得在真實生活中穿搭是一門藝術，而且我的粉絲因此產生共鳴。」

　　將時尚運用到真實生活的這種內容，就是時尚網紅的力量，這樣的論點一再出現。Farmer 相信她的穿搭吸引

人的地方在於「經典元素加上流行的配件，這些配件大眾都可以取得」。媒體工作者、作家兼時尚部落客 Ormerod 說，她也可以當一個精品風格的網紅，但她選擇將奢侈品跟平價服飾混搭、再運用一些精品的配件，因為她希望她的粉絲能夠「實際穿上這些衣服」。Dickinson 認為，在這個平台工作的網紅基本上都是現代時尚的編輯：「他們只是把風格展現在自己身上。」

與粉絲互動的時候，Ferguson 採取「透明化」的策略，告訴她的粉絲哪些是便宜貨，再強調某一些昂貴的單品，像是鞋或包，都是她存錢買來的。她說：「我覺得誠實能打破隔閡，讓更多女性會願意花時間讀我的內容。」向粉絲展示一些無法立刻得到的東西，是像 Ferguson 這樣的早期部落客的經典特徵，這種習慣是在產業變現之前就養成的。有些在 IG 起家的網紅只打算展現光鮮亮麗的一面，不過早期部落客就算他們的生活也過得多采多姿，也必須保有一些普通平凡的內容，好維持他們跟長期核心讀者的關係。

Ferguson 也是 IG 的早期採納者，為了用 IG，她只好捨棄黑莓機，改用 iPhone，並且在 IG 於 2014 年高速成長之前，就建立起她的風格，當時也更有機會展現實驗精神。她說：「我覺得一開始是很神奇的，因為你在做的事

情都是靠直覺進行，沒有什麼無法達成的目標，大家發的動態也不是精心策劃過的。」

網紅使用 IG，開啟他們想要的對話，也發表他們想看的內容。2014 年開始，有非常多敘事風格和美學可供消費者選擇，包括注重完美的網紅展示小情小愛，還有那些邊養小孩、邊發展事業而分身乏術的人。

親子育兒網站 The Glow 的創辦人 Violet Gaynor 開始寫這種內容，同時發表在 IG 上，她發現不管是紙本或者數位媒體，都沒有一個是討論從事業轉換到育兒的內容。她說：「怎麼會沒有人想討論呢？」「那個時候，我就覺得如果沒有人做，代表這個主意要不很糟，要不就是很好──那就是我得到靈感的時刻。」

當時，她是《InStyle》雜誌的編輯，她注意到雖然有很多生活類媒體會寫有關在時尚業工作同時也是母親的女性，但她們的小孩卻不在她們的故事裡。「她們家裡有了小孩，這占了她們生活很大一部分。我想這種家庭的生活類型，應該可以占更大的分量」。因此 The Glow 網站誕生了，由成功的創意界女性分享美麗的照片、育兒的真實故事。網站原本的目標是想讓女性看到她們未來也能這麼做。Gaynor 說：「我一直都想當媽媽，但我看著自己的生活，覺得實在太忙。有很多女性也經歷一樣的問題，因

為除非遇到了，不然是無法想像的。」這是 IG 上的親子網紅共同的目標，他們的動機通常是建立社群，帶領其他人走過育兒生活，以及分享自身的故事。

其中有一位是 Clemmie Telford，Mother of All Lists 網站的創意總監兼創辦人。她注意到，如果品牌能夠以有同理心的方式觸及這些爸爸媽媽，IG 就是一個很有效率的方法。2015 年，當時她只有五百多名粉絲，有一間廣告代理商向她介紹，請她在她的帳號上面發內容，並提供報酬，她知道這代表「有些事情要發生了」。她說：「這完全合情合理，品牌想要跟家庭溝通，但只有你自己成為爸媽，才知道當爸媽是什麼樣子。」

» 獨立創意人士的跳板

除此之外，有越來越多的創意工作者在上面分享作品，以及背後的故事，想利用平台做為事業跳板並獲得利益龐大的商業機會。他們以質感好的照片，搭配詳細的貼文，展現獨立創作者所下的功夫跟技巧，這樣的組合也吸引大眾的注意力，因為大眾對於這些慢工出細活的內容也很著迷。那些在陶藝、紡織或者木工的創意工作者也建立

起社群，通常是由他們的同儕或者顧客所組成。同時，短詩也越來越流行，作家也在平台上分享詩句，包含各種主題、感受、流行文化、禁忌等，還有內心獨白。Rupi Kaur 發表探討女性主義、道德的對句、四句詩；Hollie McNis 的詩作涵蓋性的真實面、自慰跟月經，她也經常在活動中朗讀這些詩。優點是，這些千禧世代的詩人與文化息息相關，因此 IG 用戶便將這些詩做成圖片，方便在 IG 上廣傳。Warsan Shire 便是其中著名的一位，她的作品跟難民、非自願移民有關，她本身並不使用 IG，但其他人會在社群媒體上發布她的作品，因為這些詩也能表達他們對難民危機的同理心。

陶藝師 Jono Smart 在 2015 年開始加入 IG，因為他的姊姊看到布魯克林的陶藝師也在 IG 上推廣自己的事業，便鼓勵他使用。他說：「絕對有辦法在 IG 裡面賺錢。」他說 IG 的動態是照時間排序，有機會讓粉絲快速增長。他採用了 YouTuber 常用的的生態圈策略，跟其他獨立藝術家一起團隊合作，分享經驗。「同時間，我們大概有十到十二個人一起成長。」

在接下來的兩年，他的粉絲數「不斷增長」，因此他就能夠直接將作品賣到顧客手中，而不必跟商店、藝廊做生意。他認為，在定期更新內容、他作品的需求量也上升

後，他跟剛開始一樣維持有人性的內容，而不是創造出品牌的調性。他的動態也保持很乾淨、極簡的美學。他說：「你想說的內容，照片就幫你說了七成。幕後花絮的內容成效很好，談論失敗也跟談論成功一樣受歡迎。」

對某些創意工作者來說，IG 代表能夠以更政治化的方式做事情，而不僅僅只是建立品牌，尤其在 2016 年美國總統大選川普勝選後，手工藝家 Shannon Downey（網名 Badass Cross Stitch）就是其中一例。Downey 的刺繡作品上面寫著「男生應該為他們做的那些他媽的事負責」。在 2017 年 #MeToo 運動的時候，這項作品在 IG 上瘋傳，許多女性分享她們遭到性騷擾跟性虐待的經驗。同年，在演員蘿絲 · 麥高文（Rose McGowan）的帶領下，無數演員對哈維 · 溫斯坦（Harvey Weinstein）提出性侵和不當行為的指控，使得這個運動越演越烈。

在這個文化分水嶺的時刻，看到她的作品在網路上瘋傳，Downey 說：「我很驚訝的發現世界上有這麼多人跟我的作品產生連結，有許多人借用這張圖片，分享她們的 #MeToo 故事，我覺得很震撼。」她補充：「我完全沒想到那件作品後來會發生這樣的事。」

2016 年，Downey 還在「盛怒」之中創作刺繡作品，因為在一則《華盛頓郵報》公布的影音中，唐諾 · 川普

告訴美國電視主持人比利 · 布希（Billy Bush），他覺得能夠未經同意而抓女性下體。Downey 說：「我以為那次（川普）他就死定了。」「不過一直到哈維 · 溫斯坦被揭發，那件作品才造成瘋傳。世事就是如此難料。」

雖然時尚、生活跟親子 IG 社群的人，似乎與 IG 的發展方向，以及他們身為 IG 網紅所經歷的一些事情產生了嚴重衝突，但在創意工作者的社群裡，幸福快樂的生活或者接續這樣的生活，似乎普遍大於焦慮感。Smart 說：「我跟我的伴侶目前都是靠著工作室過活，我們的顧客幾乎全是透過 IG 來購買作品。這就是我們的全部。」

同時，也有一群人非常喜愛 Downey 的作品，因此有一個無名的團體願意成為網路警察，以維護其刺繡作品的來源，如果有任何組織或個人沒有標註出處而使用她的作品，就會被發現。她說：「他們不希望我的名字不在上面，因為現在很多藝術家面臨類似的問題，因此我很感激他們。」

Beales 應該是最關心 IG 的發展、以及 IG 對產業影響的創作者。他可能是極少數從最早期就開始使用 IG 的用戶。他說：「有很多作品都很差，這就是我對於網紅產業感到最生氣的。我喜歡好的廣告，但那需要下功夫，我現在在 IG 上看到很多空虛、廉價的內容。」

他也對於將網紅產業形容為「自我的菁華」，那種專注於「自我」而能產生幸福的概念感到懷疑。不過，他承認他對這個平台「充滿感激」，也會持續使用。他說：「我只追蹤那些我喜歡他們作品的人。」「我跟他們做朋友，特地去拜訪他們，並一起合作。這是一種拓展人際網路很棒的方式。可能我會這樣想，是因為我從 IG 還是很小的社群開始就一起成長。」

» IG 的影響是什麼？這個影響將往什麼方向走？

IG 現在成了客戶體驗重要的一環，因此各品牌也正在研究要如何透過 IG 使業務成長。2019 年開始，IG 內建「結帳」系統，讓用戶可以直接購買，而不用到品牌官網，而這樣的功能，也可以說 IG 的未來就是終極的購物站。不過對某些網紅來說，IG 這樣的商業化走向，讓人覺得很掃興。

創業家、YouTuber 兼作家 Patricia Bright 說：「我喜歡拍照，看別人 PO 的內容，但 IG 已經像是會走路的廣告，大家只是在推銷產品。」同時，Mona Jones 認為 IG 已經變得像購物頻道，因為消費者可能得一直看廣告，不

管是來自網紅或者品牌，頻率都高得驚人。生活部落客兼媒體工作者 Esther Coren 同意：「好像每個人都在賣東西。」攝影師 Pryce 覺得人們因為照片很「有藝術感」而接受這種作法，但他強調：「IG 就跟一直用廣告煩你的網站沒什麼兩樣。」

網紅成功推廣和銷售產品的能力，可以從他們對廣告活動的控制中看出來。經常替時尚品牌拍照的 Pryce 說：「網紅能夠選擇攝影師、導演，而且預算也幾乎都進了他們的口袋。」

在他看來，這並不是有利無害。他說：「有些品牌會找一些沒有忠誠度的人，因為他們好像很紅，品牌也需要跟網紅合作，在某些情況看來，跟模特兒合作感覺更合理，但受眾、互動率的數字卻又如此重要。」

IG 從一個小型社群成長到聲量如此大的內容平台，充滿著數百萬張精美照片，也讓快速成功變得更難。沒有一個網紅希望自己的內容被快速滑過。Ferguson 承認，她早期雖然會在倉庫門前開心的擺姿勢拍照，現在她得「挑戰各種高難度的拍照姿勢」。

但有些網紅拒絕被潮流推向更極端的內容，盡力維持在 2014 年大成長那時所能獲得的注意力。作家、造型師兼部落客 Latonya Staubs 說：「人們很容易被那些看起來

的樣子、或者他們想描繪的樣子擊垮。」她雖然也在 IG 上與粉絲對話，也因此獲得商業機會，但她沒有興趣跟著 IG 的潮流走——也就是那些非常關心粉絲數成長的網紅所汲汲營營的。

有些網紅試圖在 IG 上求新求變，想從「生活類」的大傘下轉移，因此改到更集中的帳號——通常為第二個 IG 帳號。YouTuber Lydia Millen 成功利用這個策略，打造出室內裝潢的社群，她在上面分享她正在裝潢的鄉間別墅。Joe Wicks 則非常關心女兒斷奶的過程，因此他特別開了一個帳號，專門講這方面的內容。

時尚部落客兼作家 Ormerod 在生下兒子 Grey 之後，另外開了一個獨立的親子帳號，因為她很體貼的認為可能有些觀眾想看、有些不想看這些內容。她本身懷孕的過程很辛苦，所以希望她的粉絲能夠「選擇」是否追蹤她的育兒紀錄。「追蹤我的 23 歲曼徹斯特女生是喜歡我的打扮，而不是想知道我做的凱格爾運動。她想要看的是鞋子、女性話題。」

藉由這樣的方法，Ormerod 很清楚兩邊的觀眾想看什麼，並在兩邊都保有高度互動率。提到她的育兒帳號上的粉絲，她說：「有時候大家回應太多，我貼一則貼文可以收到兩百則訊息。」

» 品牌該怎麼做呢？

為了跟上 IG 的內容汰換速度，具有大量便宜商品、具有替代性的品牌時常使用快速、不好的廣告活動。在本書第三章提過，這些通常是由網紅市場運作或者部落客提出的計畫，以相對便宜的價格或者免費的產品獲得大量圖片。對於那些引領潮流，或者擁有大批粉絲的網紅來說，這代表穩定的現金流。同時，對於那些一天要產出好幾則貼文的品牌來說，這也就像內容的圖庫，上面充滿其目標受眾有共鳴的對象。

在市場的另一邊，有一些行銷人想要觸及網紅的受眾，但以一種跟網紅風格大相逕庭的美學跟語調。Coren 說他們可能願意付出高額報酬，但品牌所要求的掌控權可能使整個過程根本是場悲劇。

那些想著大局、將重點放在他們的成就以及積極建立品牌的網紅，可能會質疑在 IG 上面賣東西或者獲得關注的過程。唯有透過合作，才能達到符合標準的創意內容。有許多受訪的內容創作者建議不要太常與別人合作，但找那些能夠直接代表自己的價值跟美學的人，網紅本身很歡迎這樣的想法。

Coren 說：「我會花時間找那些真正合適的人，並且

讓他們自己進行。」

Ormerod 說，任何人都可以經營人際關係，達到製作內容的效果，他並強調只要邀人共進午餐或者咖啡就可以達成。「品牌需要花預算來建立關係，但這是一項不錯的投資。」「我總是替那些跟我關係不錯的品牌提供超乎預期的內容。」

行銷人應該注意的是，「現在網紅擁有大部分的權力，影響為數眾多的受眾，也能讓他們發行的商品幾小時就售罄，但這可能一夕間就風雲變色。」管理多名網紅的經紀人私下透露，他主要的客戶已經不會在 IG 的貼文業配。他們將 IG 視為神聖、精心策劃的地方，因此只跟品牌合作那種 24 小時的廣告，或者發在 IG 限動。他們指出，這些網紅在 IG 上可以獲得幾十萬觀看數，但要觀察這些謹慎、打造自我品牌的網紅將會變成什麼樣子，這是很有趣的。這可能會使網紅產業產生兩極化的現象，雖然付費就能獲得內容產出，必要的時候也可以業配產品，那些具多重收入的網紅會開始限縮手上哪些地方是用來進行商業行為的管道。

IG 給予網紅權力，並使整個產業、媒體更民主，在某些情況下，傳統媒體的工作者會覺得沮喪跟生氣。這些人干擾過去的作法，也重新定義了可能性，就跟之前的

YouTuber 一樣，沒有先獲得許可就去做了。美國《Vogue》的創意總監莎莉·辛格（Sally Singer）在 2016 年抨擊時尚部落客，稱這些人「讓風格已死」；詩人雷貝嘉·沃姿（Rebecca Watts ）在 PN Review 網站寫下她輕視那些透過 IG 獲取讀者的同儕，說他們是「高貴業餘者的邪教」，並點名她說的就是 Rupi Kaur 跟 Hollie McNish。這樣的摩擦似乎起源於網紅的價值來自大眾對他們的認可，而不是藉由有頭有臉的人或者建立起名聲的機構。那些覺得工作受到威脅的人異口同聲抨擊網紅的價值，認為他們不聰明，也不夠時尚，而且對產業產生負面影響。

路易斯·妮可是阿拉伯文版《哈潑時尚》的前總編輯，於 2019 年卸任。她認為，某些傳統媒體人士的看法是因為他們不了解網紅所擁有的技能。她說：「我大學時學政治、研究所念新聞，但就算你付我錢，我都沒辦法在 YouTube 上教化妝。如果我有辦法的話，我可能做出非常不一樣的風格。我覺得我們應該開始重視這些技巧。」

雖然與網紅合作可以吸引到注意力跟數位人氣，但若品牌不尊重自己的客戶，與網紅在 IG 上的合作究竟有多重要也會讓人質疑。2019 年 3 月，迪奧在杜拜舉行春夏高訂服裝秀，邀請當地網紅而不是他們的客戶，這引起許多爭議。阿拉伯精品顧問公司霓許創辦人瑪麗安·莫賽

麗（Marriam Mossalli）在 IG 上向她數量不少的粉絲發表一篇長文，點出品牌的缺失。「迪奧所犯最大的錯誤，就是不重視那些實際購買品牌的女性，她們是白手起家的創業家、富有的名媛，卻以網紅取代了這些人。」她補充：「把網紅列入名單沒錯（也要考慮品牌期望），錯的是只以他們為考量。」

雖然這樣的事件會出現在主流新聞當中，但對於那些受影響的受眾來說，對於所牽涉的內容創作者來說，他們的人氣跟正當性不受影響。觀眾追蹤這些人是基於私人原因：粉絲與網紅的互動是基於彼此間的關係，只有粉絲能決定網紅是否能引起自身的共鳴。

五個以 IG 為跳板的網紅

- Foster Huntington：前 Ralph Lauren 設計師，為了住進廂型車而辭去紐約的工作，發明 #vanlife 這個居無定所、IG 友善、戶外的生活主題標籤。他一開始使用這個標籤，是對圖帕克的「暴徒生活」（thug life）幽默的致敬，但千禧世代並不特別覺得幽默，而是共同追逐這樣的夢想。他已經出了四本書。

- Mo Gilligan：網名為 Mo The Comedian。Gilligan 還在 Levi's 當店員時，就開始在 IG 上面分享喜劇短片，也一邊表演巡迴脫口秀。德瑞克推薦他最著名的一段口頭禪：「茱莉，幫我拿幾個罐子過來。」之後他便跨界到電視上表演。

- Jessamyn Stanley：身心靈部落客、瑜珈老師，提倡身體自愛，她以大尺寸、有色人種的女性身分在 IG 上分享她做瑜珈的照片。她也開始出書，成為全球包容性的靈感來源與象徵。

- Jeremy Jauncey： Beautiful Destinations 的 CEO 兼創辦人，他的工作就是到世界驚奇美景旅遊。他與團隊替旅遊品牌創造內容及創意策略，他個人的 IG 便成了他旅遊與世界自然基金會大使的紀錄。

- Busy Philipps：演過《怪胎與宅男》《熟女當道》《戀愛時代》的電視劇演員。不過，她在 IG 貼文或限時動態上直率的內容，記錄她一打二的媽媽經，讓她獲得一本書的合約，以及她個人在「E！」頻道的《今晚很忙》（Busy Tonight）深夜秀。

◆案例分析◆ 捕捉全球人感受的插畫

2019 年 3 月 15 日，當基督城清真寺發生槍擊案的時候，自學的插畫家 Ruby Jones 在家，得知有 50 個人死亡、50 幾個人受傷的消息，事件就發生於她的家鄉紐西蘭。她說：「我眼看一件件發生，心裡激動無比，我看到社群媒體上所有朋友都有類似的反應，震驚、無話可說。這真的發生在我們身邊嗎？」

Jone 的下一個反應就是去畫畫，這是她在媒體工作以外，晚上或週末常常會做的事。她畫了兩位擁抱的女性，其中一位是戴著頭巾的穆斯林，並寫下：「這是你的家，你在這裡應該要很安全。」這幅畫畫下許多人難以置信的震驚、悲傷、團結和遺憾，因為在很多平台上可以看見一次次殘酷的攻擊正同步進行。

Jones 說：「我先畫圖，然後才寫下那些字。」「很多受害者可能因為想要尋求更好的生活才來到我們的國家。我想到這件事，所以才寫下這些話。」

Jone 將這幅畫發在 IG 上，她想分享的訊息開始擴散。48 小時

之內，她的插畫被瘋傳，像吉吉·哈蒂德（Gigi Hadid）這樣的名人也分享了她的畫，以及無數那些被認為畫作能代表他們心聲的人。幾天之內，《時代》雜誌委託 Jones 創作一幅跟槍擊案有關的插畫做為雜誌封面。她對於這次悲劇的反應，竟能收到無數民眾的回應；她透過分享一幅簡單的畫，讓數千人給予穆斯林民眾一件會感到慰藉的事：道歉。

她說：「許多人因為我的那幅畫而感動，很明顯的我們能夠感受到一絲希望的光。」「我很感激大家對於這幅作品的喜愛。」

- IG 的早期採納者之所以能夠累積大量粉絲,是因為當時平台競爭者較少,加上 IG 採取編年式的演算法,以及用戶能受到 IG 部落格的推薦或重點推薦用戶等。

- 最先在 IG 上流行起來的內容,有些現在還是很熱門,這反映出當時的科技趨勢。智慧型手機的相機能夠拍出整齊、對稱、幾何的內容,因此多個攝影帳號的重點都是俯拍跟市景。

- 許多早期採納者加入 IG,成為創意社群的一部分,有些人是在 2014 年的大成長中崛起,他們想分享那些被主流媒體忽略的內容,或者運用這個平台推廣他們的獨立業務。

- 當提到業配的訊息跟美學,有意識打造品牌的網紅一致想要掌握更多的創作內容,以確保內容在他們的動態上看起來更自然。同時,具有多種收入來源的知名網紅不再在動態上面發布商業訊息,只願意將業配內容分享在 IG 限動。

7 · 個人主義與小眾社群

透過網紅在社群平台上的資料來認定網紅的價值，已經是很常見的事，也就是：他們的粉絲數、藉由他們的內容能跟多少粉絲產生多少互動。因此，與網紅產業裡第一代、粉絲無數的網紅合作，看起來相當必要而且人人想要，就好像是行銷的成功保障。實際上這也有幾分道理，最初這些內容創作者的吸引力，來自他們能夠觸及廣大受眾、引起大眾共鳴的能力，而且他們有技巧的不只是代表自己或者品牌，是他們一整個世代的人。

不過，隨著「大眾」成為主流網紅或數位文化的主題，有一種反文化的小眾社群或平台也逐漸出現，有些人想以特別的方式運用社群平台，或者認為現在就統計上來說，在主流媒體或早期採用的網紅中會得不到共鳴。如果想要關心某項議題，或者想要有地方討論禁忌的話題，就能吸引非常特定的受眾到這些小眾社群裡。這些人不只是滑過、或者被動的觀看內容，他們熱情的認同裡面的故事及觀點，並在這些數位場域中得到他們以往沒有的認同感。此外，雖然這些網紅許多來自於反文化的地方，他們的想法常能夠掌握到某種團體的時代精神，如此巧妙，以至於

他們的粉絲數成長得很快。他們的受眾喜歡探索跟掌握，他們不只是觀眾，而是身在某種運動潮流之中。這些創作者也大有斬獲，因為他們所做的內容風格，或者討論的議題，過去沒有人覺得重要到應該獨立拿出來討論。

有一個人很了解逆風而行是什麼感覺，那就是 Z 世代的娛樂網路 Kyra TV 的共同創辦人 Devran Karaca。他在 2017 年創立公司時，許多媒體公司仍然在想創造出那種能夠適用於臉書影音的內容，但他決心創造出一種優質、直式影音，使其商品化，目標鎖定在年輕族群。

他說：「人人都在講短的內容。」「我的意思是，大家認為年輕人沒辦法看長篇的內容，因此所有影音都不超過 30 秒。但同時，我們看著 Netflix、Amazon，想想他們如何重新定義電視，因此我們得重新思考年輕人不能看長片的這個概念，這其實是錯的。」

他也提到，YouTuber 每週占據觀眾的時間長達好幾小時。「年輕世代想要跟創作者互動，了解他們的生活，想要跟人親近。因此就會很熱衷追逐創作者的生活。」

Kyra 並不是一開始就在 YouTube 上發布長篇影音內容，他們的團隊先去了解他們的目標受眾認為「長內容」是什麼，再逐步建立起他們跟受眾的關係。不過，這個團隊定期發布一系列的內容，因此觀眾的忠誠度很高，特別

是講男士穿搭的重點節目 PAQ。在 2019 年，他們辦了一場四位主持人的見面會，長長的隊伍裡不分男女，都想跟他們討論時尚與文化。

他說明：「我們的影片一開始是 6 ～ 7 分鐘，現在已經長達 25 分鐘。」「每週影片會在固定時間上傳，就好像約好的節目，跟傳統電視一樣，我們跟觀眾有那種接觸點。」

Annabel Rivkin 與 Emilie McMeekan 是 The Midult 的創辦人，這個 2016 年創立的新創媒體，受眾為「成熟女性」，他們對於主流媒體描繪她們這個世代的女性的方式感到不滿，因此透過他們的網站、社群媒體、播客、書籍及一系列活動，提供另外一種看法。他們受夠那些老是談論「年齡跟髮根染」的文章跟專題報導，她們將主力放在焦慮症、離婚與關係等內容，以幽默、真心的方式觸及不同議題。

Rivkin 說：「我知道我們是自古以來最健康、最富裕、最活躍的一代女性。在媒體上，我們覺得針對我們的一切，好像都套上一種奇怪且險惡的濾鏡。」這似乎是男性行銷人對成熟女性的看法，她補充：「大家對於我們的價值、我們的期望跟我們為什麼焦慮的看法不那麼正確。老實說，讓人提不起勁。」

她們的社群互動率超高，粉絲經常在 IG 上感謝兩位創辦人提供每天的精神食糧，稱讚她們對於這個世代的精準描述。儘管 Midult 的目標受眾為 35 至 45 歲女性，粉絲成長最快的區間卻是 25 到 35 歲的人。Rikin 說：「年輕很棒，但年輕的時候總是不夠聰明。」「我們發現年輕女性將我們視為精神支柱。」

2018 年，Olivia Purvis 也決定反文化脈絡而行，發起他的 IG 運動「不安全感女孩俱樂部」。當時，對於千禧世代的女性，IG 上圍繞著「女強人」、當老大，而且能夠對那些擋路的人比中指。早期部落客 Olivia Purvis 平時外向、有自信，但也想討論她的不安全感，以及那些讓她遲疑、擔心、脆弱的時刻。這個計畫起源於無數次跟朋友的對話，她發現在網路上找不到地方可以延續並擴大這個話題。她非常想要做一些事，讓她能夠關注其他女性的故事。「我為了部落格採訪過很多女性，但我最想要的是成立一個社群，讓社群媒體社交的那一面展現出來，提供女性一個能討論這些事情的空間，她們也不用覺得尷尬或擔心。」

Purvis 除了跟其他女性分享她覺得很有力量、充滿新知及能引起共鳴的計畫，她還訪問許多創意人士、接案者跟網紅，詢問他們會因為什麼而得到安全感。這些影片引

發一些關於工作意義的議題，或者需要被認可、以及認識新朋友的緊張感。

對某些小眾網紅來說，他們所創造的平台並不是靈光一現的結果，更可能的原因是，這就是對她們來說最理所當然的作法。以 Ben Hicks 為例，他畢生都在記錄大自然，特別是海龜，他臉書、IG 等社群上的粉絲都對這些有興趣。他一開始的工作是在世界各地拍攝衝浪者，後來有一位海洋生物學家的朋友，因為 Ben Hicks 熟悉水下攝影而問他是否能代替她拍照，他便開始對動物產生興趣。

他從孩童時期就知道他對這樣的事物有興趣，這工作對他來說很自然。這種現象在小眾網紅的身上很常見，他們跟分享的主題都有很密切的關係。他說：「我從小就在海邊長大，夏天時經常去北密西根，看到很多淡水龜。我也養蛇、鬣蜥、狗等各式各樣的動物。我一直都對照顧動物很有興趣。所以當海龜出現的時候，我想：『這種動物需要被好好的照顧、拍照』。幾乎所有龜類都面臨不穩定的未來，我們需要提升大眾對烏龜的關注，因為氣候變遷、盜採、棲地受到破壞，世界自然基金會已經將這種動物列入『易危』物種。」他補充：「牠們需要被關照，而且我真的很喜歡幫牠們拍照。」

Hicks 常常在找新的數位平台來推廣他的作品。2012

年，他開始使用 IG，到了 2013 年《國家地理雜誌》發現他的攝影作品，分享他在 IG 上的照片，才使他開始出名。「我那時候才逐漸受到國際的關注。」

Hicks 畢生對動物充滿熱情，而其他小眾網紅則是為了解釋某些經驗，開始某些計畫。Badass Cross Stitch——這個透過刺繡表達議題的手工藝帳號，創辦人 Shannon Downey 說，她因為在經營步調快速的數位行銷公司，想找到一點平衡。她說：「我一週七天，每天 24 小時都要緊盯著我的手機，我已經累壞了。」

Cross Stitch 開始獲得許多關注。Downey 越投入，越開始去思考她周遭的議題。這些想法也成為她的作品內容，她發現這樣像藝術品一樣的內容，變成線上及線下社群的核心，可以發揮很大的影響力。這個計畫是基於她個人經驗而生，後來也使得他人產生共鳴。

她分享：「我一開始進行的主要手工藝作品，其中之一是槍枝暴力。我住在芝加哥，曾經有子彈在我睡覺時穿過我家窗戶，我跟一些曾經受過槍傷的年輕人工作。這是我開始這個計畫的原因。」

Downey 因為創意十足的作品「男生應該為他們做的那些他媽的事負責」受女權主義運動 Time's Up 及 Me Too 採用，Badass Cross Stitch 開始躍上國際新聞版面。如

第六章所描述的，那件作品於 2017 年在網路上被瘋傳。

不過，不是每個小眾社群都是因為終身興趣，或者想要為反主流運動發聲。有些小眾社群是因為創辦人想把一些微小或被視為不重要的議題拿到檯面上來講。The Hotbed Collective 就是這樣的例子。共同創辦人 Lisa Williams 解釋：「我們想要吸引那些不覺得自己對性有興趣的人，來看與性相關的內容。」

Williams 跟另外兩位創辦人 Cherry Healey 與 Anniki Somerville 一開始想做這個市場，源於後面兩個女性創辦人在一場聖誕節派對裡大聊遠距離性生活，旁邊的人聽到她們聊的內容，便一個個加入。Williams 是個經過訓練的媒體人，她開始寫相關的部落格，發現生過小孩的夫妻性生活文章最受歡迎。

Hotbed 現在擁有榜上有名的播客、網站、IG 社群，出過一本書，舉辦系列活動，內容全都跟日常性生活有關。William 解釋：「你知道，有些性生活不是每天都有。」「我們發現很多人討論約會的性生活、瘋狂的性生活，但沒有人在討論那種已經交往一段時間的性生活，可能因為隔壁房間有小孩，或者你們有金錢上的煩惱，或者從來沒提過對自己的身體缺乏自信。」Williams 說他們採取的方法為「無所顧忌的一般人」，想要幫那些「原本不注重性

快感的人，保有他們對性的激情」。

» 數位認同：「人們不再相信潮流」

在社群媒體出現之前，似乎有種「正確」的方式建構一個人的認同，媒體品牌會幫消費者指引一個大方向。人們會透過閱讀特定的雜誌或報紙，反映出他們想過的生活、喜歡的打扮、政治傾向以及理想。你可能買《Vogue》，不是因為你買得起裡面的時尚單品，而是因為你認同《Vogue》所代表的社群，也心嚮往之。

不過，因為網紅的崛起，以及許多在免費數位時代創作獨立內容的創作者，在 IG 出現之前的許多媒體品牌，現在都覺得自己成了某一種通用、與任何人理想有關的權威。確實，2019 年英國廣告從業人員協會委託民調公司 YouthSight 所做的一項調查發現，未來的認同將建立於個人的獨特品味上，而不是由外界——像是時尚媒體——所定義的風格。一項調查一千名 16 ～ 23 歲的人發現，Z 世代的人不太在乎購買品牌，也不在乎社群媒體上的數位成就。事實上，社群媒體這個話題受到許多受訪者的鄙視。有三分之二的人不相信潮流，十個人裡面只有一位認為自

己引領潮流。

NET-A-PORTER 的數位創意總監珍妮 · 狄克森認為，個人化的認同正在發生，這是一個跨世代的現象，再也沒有所謂對或錯的時尚。她說：「人們不相信潮流，而是展現他們身為獨立個體，因為他們是由個體的濾鏡看世界，就像他們在 IG 上選擇要跟誰互動一樣。只有固定一種的穿搭方式已經過時了。」

消費者能選擇追蹤的對象，依據他們的信念決定該追蹤的事物、風格與穿搭。小眾網紅的興起代表在這些社群中，各式各樣的人都能夠找到同好，如果找不到的話，他們也有工具能夠自己建一個。有點諷刺的是，**這並不是指後 IG 時代的個人主義導致同質性已死，而是現在的同質性也分成很多群**。有數百萬人受卡戴珊風格吸引，但也有數百萬人認為自己是極簡主義者，注重色彩，喜好復古或者潮流。這些就能得到更小、更小眾的社群，重點是「適用於所有人的尺寸」這樣的概念已經不復存在。

Karaca 很早就了解到這件事，因此在 Kyra 的男士穿搭節目 PAQ 中選了四位風格截然不同的型男，有模特兒 Elias Riadi、音樂人 Dexter Black、滑板選手 Danny Lomas、藝術家 Shaquille Keith。這個節目代表目標受眾，也就是在個人主義世代中已經成年的 Z 世代，他們不是

那些會訂閱同樣風格品牌的人。

Karaca 說：「我想要找到獨立的個人，將他們放在人才的最前端。」「我們找到的四個男生風格各異，但互相搭配起來的感覺也很好。」他補充：「這四位的受眾重疊率還蠻低的，每個人都有不同的能量，是四個不同的個體。」

為了跟上 Z 世代大膽的精神，這些人會受到網路上分享的消息而驅動，這些人是因為受到四位主持人的正能量、活潑的個性所吸引，而不是因為他們的外表。這對 Karaca 來說也很重要。他說：「我覺得市場上有很多負面的聲音，我們想要讓 Z 世代的人覺得自己很棒，我們的任務跟目的，就是要讓人覺得自己很棒。」

Forever Yours, Betty 創辦人 Sheri Scott，基於自己獨特、原創的觀點建立了她的品牌。她的 IG 充滿亮色調，中央是 Sheri 的一頭橘髮，以及充滿正能量的內容。她不是跟著流行走，或者故意不流行，但感覺就是她的獨立品牌。Sheri 雖然屬於千禧世代，但在社群媒體上，她採取的手法很像 Z 世代，從一開始就只寫她有興趣的內容，而不是譁眾取寵。她說：「如果我那樣做，就會一直放自拍照，那種照片跟其他照片相比，確實有很高互動率，但老實說，我對於數字不是很在乎，我也不善於分析，我覺得如果只是一昧追求按讚數，其實很無聊。」

» 維護小眾社群的真實面

在小眾領域建立受眾的網紅不只成為權威，也吸引特定的消費者，這些人高度認同網紅的看法。大眾型網紅的粉絲數量多，可能因為喜歡他們對某個領域或文化的態度；**小眾網紅不是人人都喜愛，但那些追隨他們的人，就會持續與他們的故事互動，甚至可能改變他們的生命。**

Hicks 對於環境、人類行為影響海洋生物的重視，讓他的 IG 變成那些想快速學習、但手邊沒有資源的人的接觸點。他說：「有一些在開發中國家的人會追蹤我，他們尚未學到一次性塑膠製品所造成的影響，所以會傳訊息問我說為什麼不應該用吸管。他們想知道影響是什麼。我藉由分享我的故事、發布照片，也能夠幫忙教育大眾。」除此之外，他還會去學校、自然中心演講，了解到他的品牌有很大的教育意義。

攝影師 Ali Horne 也發現他能夠幫助人們學習，他也是無人機駕駛、喜愛冒險的團體 The Highland Collective 共同創辦人。這一群喜愛戶外運動的年輕人會到蘇格蘭最偏遠、最漂亮的地方探勘野外生活、登山、拍攝內容。這個團體成立於 2016 年，想與觀光客分享這個國家擁有的資源以及最適合探險的地方。這群人持續創作內容，發布

蘇格蘭野外如詩如畫的照片，因此在 IG 上有數萬名粉絲，也跟許多高價的戶外用品品牌合作。提到品牌對戶外社群的動力，Horne 說：「這是一個很棒的方法，能夠激勵人們付出更多努力，看看新的地方，認識新的文化與觀點。」

Downey 相信 Badass Cross Stitch 以及手工藝的運動能點燃大家的熱情，使她的粉絲開始學刺繡，因為這讓他們能夠有效的溝通，並在社群媒體一片嘈雜的意見中表達自己的想法。「我覺得這是一種媒介，讓人意想不到，也讓人停下手邊在做的事。我可以透過刺繡發聲，並且有人聽到我說的話，如果是以其他的方式發聲，可能就會被忽略了。這是一股很大的力量。」

Williams 指出，要建立小眾市場的唯一方法，就是了解那些你的內容能引起共鳴的微小原因，不斷透過你的話語去強化它。要維持粉絲的信任感，就必須展現出你了解這一面，這很重要，她也強調 The Hotbed Collective 不會用恐嚇的方式描寫性生活。她解釋：「我們知道對我們的受眾來說，伴侶關係跟性生活不是她們最重視的事，所以我們不會讓人們覺得因為他們做愛次數不夠多而覺得愧疚，或者是他們必須要很熱衷、表演式的、或者『特殊節日』的性愛。」她補充，受眾最喜歡的內容，是那些在忙碌生活中能夠兼顧伴侶的內容。「我們收聽次數最多的播

客是『維護式的性愛』，內容是在講例行公事的性愛，以及這樣的性對伴侶關係而言有多重要。」

與網紅具備同樣價值觀的受眾很熱情，將網紅視為權威，當你需要與這些在小眾市場累積粉絲的網紅合作時，跟大眾市場的網紅相比，這點毫無疑問是個優勢。不過從另一方面來看，要變現則更加困難。**大眾市場的網紅在生活類別的大傘之下，能夠適合許多品牌，小眾網紅適合的可能是某種特定內容，無法很自然的推廣產品。**

舉例來說，媒體工作者、心靈成長兼身體自愛推廣者——網紅 Poorna Bell 創立她的事業 FML（Fix My Life），能夠提供公司有關多元、平等、心靈健康等內部訓練。不過，她也對那些想進入媒體界的年輕人舉辦一系列活動，因為提供協助而不是賣東西，就是她品牌的核心價值。

無獨有偶，為了推廣刺繡的好處，Downey 也以一種利他主義的方式進行教學，從 2018 年開始，她免費在社區活動教了大概一千名學生如何刺繡。她經營 Badass Cross Stitch 的重點，在於其內容對給那些參與互動的人心靈上的助益，她也極力讓越多人體驗到這些好處。她說：「我希望地球上的每一個人都能學刺繡。我覺得這是讓人感到自由的媒介。刺繡容易取得、不貴、好上手，也能讓

使頭腦放鬆，很療癒。」

Hicks 說他很少接業配內容，並補充說明：「如果我接了，那代表跟我的目的高度相關。」他的目的就是攝影，以及「幫助大自然」。

對 Rivkin 與 McMeekan 來說，用傳統的方式將 The Midult 網站、電子報或社群媒體的變現是不可能的，因為他們主要目的就是與受眾發展出真實的關係，他們認為將這些平台上的內容商業化對這個關係有害。

Rivkin 描述她們的策略是「放長線、步調慢的遊戲」，他們已發展出顧問的區塊，教導品牌如何跟 The Midult 的受眾溝通。他們的顧問內容是基於受眾的回應，以及從活動中學到的事情，在這些活動中，有一個「現場治療時間」，他們研究「女性生活的節奏、喜歡的事情跟慾望」。儘管 Rivkin 經營的是生活網站，她最喜歡合作的領域為金融服務、房地產跟汽車。她說明：「這些領域非常成熟，可以重新再造。」

在網路世界中，人氣越高就越成功，因此在數位場域裡走小眾市場是大膽之舉，不過對於想建立品牌的網紅來說，可能是最有效率的方法，因為消費者越來越以個人主義建立認同。Williams 認為，每個人應該先思考一下，再決定利基市場，因為這牽涉到你是否想在人與人之間產生

真正的影響。她說：「就好像在市場找缺口。不管缺口是大是小，只要有人需要你，你也願意、也能夠滿足這樣的需要，那就行得通。」

Geometry Club 的黃金守則

　　試想，有個 IG 帳號，文章內容全部都是一樣的：用某種角度拍攝有趣的大樓，並以黑白照呈現。覺得這種後設般的內容在 IG 上行不通嗎？再想一次，已經有數萬人加入設計師兼攝影師 Dave Mullen 的 IG 社群 Geometry Club，如果你想要加入，使自己的照片出現在該帳號頁面上，有兩條規則：第一，你拍攝的建築物的頂點必須在畫面正中央；第二，大樓的邊緣應該在畫面上呈現對稱。如果你覺得這樣的照片，在充滿動人美景、食物跟時尚的平台上感覺好像有點無聊，許多人可是會反駁你的看法。

　　Mullen 在 2014 年 11 月發起 Geometry Club 計畫，因為他喜歡那種「有嚴格規定的 IG 貼文」，這原本是一項個人計畫，但後來發展成為由社群力量帶動的小眾運動。Mullen 希望在這個帳號裡能拍下所有世界知名建築，但他知道憑一己之力無法完成，因此他發起一個群眾計畫。他說：「我建了一個網站，訂立規則，用 IG 與人連結，並邀請他們加入，共同提供內容。」

　　這個帳號的成長跟獨特定位，使 Mullen 也得到非常獨特的經驗。他說：「最特別的經驗是有一次，我受邀到倫敦新開的設計博物館，在博物館像大眾開放之前去逛一逛、拍拍照。」另一項很珍貴的經驗，是與他人創作出一款特別為這個社群的人所設計的 iOS 照相app。「我

們在這項計畫上花了一年，並開發出免費的 app。」

　　雖然 Geometry Club 原本是基於興趣，才進而轉變成為一項運動，這個帳號並不是一夕成名，也不是因為意外或者運氣，使得粉絲數成長。Mullen 說他與其他 IG 用戶建立關係、傳訊息給有類似想法的、可能會有興趣拍攝的人，這些都跟帳號的成長有直接相關。在這個計畫推出一年之後，他開始聯絡一些他覺得會對這個攝影系列有興趣的設計雜誌或部落格，因此得到了一些像是《Creative Review》《Swiss Miss》《Aisle One》等雜誌的訪問。他說：「我花了無數個夜晚，打好地基，以吸引那些我覺得 Geometry Club 應該得到的注意力。」「很有趣，所以我一直很有熱誠，最終付出的努力有所回報。」

案例分析 三個引人入勝的小眾 IG 社群

　　Same Picture of Michael Cera：這個帳號在臉書、IG 上都有數萬名粉絲，提出的計畫也饒富興味。該計畫的發起人是名匿名用戶，他每天貼出一張演員 Michael Cera 一模一樣的照片，稱為「Michael Cera 運動」，成了各種小眾社群媒體計畫的濫觴。這很天才吧？不管貼文寫什麼（像是：我喜歡高領衣，在我努力把頭擠出領口的時候，彷彿把自己生出來了）都很適合那張照片。

The Great Women Artists：這個帳號由藝術史研究者兼策展人 Katy Hessel 所創，發表各種女性藝術家的作品，他們可能是剛畢業的新鮮人、或者是經典大師。Katy Hessel 在大學的時候，有門課要寫抽象表現主義畫家 Alice Neel 的報告，她因此了解到女性藝術家的代表性極為不足。她畢業後參加到一場只採用男性藝術家作品的藝術展，於是下定決心開始經營這個 IG 帳號，這也讓她有了許多演講、展覽、策展、寫作的機會。

Plants on Pink：發起人 Lotte van Baalen 稱之為「線上藝廊」，各種粉色背景的植物照片非常適合千禧世代。粉絲也可以提供照片，發起人會從世界各地眾多熱心的內容創作者提供的照片精選並發布，Van Baalen 也創造了 #plantsonpink 的主題標籤，讓這項 IG 計畫能更廣為人知。

◆案例分析◆ 在小眾的平台上獲得成功

雖然網紅跟品牌的重點主要都放在 YouTube、IG 或推特，在小型一點的平台上，像是 Pinterest、Twich 跟 Snapchat 其實也都各自有社群，每天由網紅帶領對話、帶動成長。

2009 年，設計師 Nikki McWilliams 創立同名的家居品及飾品品牌，她也非常了解如何幫品牌發展受眾、建立美學。她是 Pinterest

的早期採納者，她在 2011 年、Pinterest 創立一年後就開始使用了，至今在上面累積超過一百萬個追蹤者。她說：「那時候你必須寫信給開發者，才能要求登入，因為他們不讓大家各自申請帳號，所以當時能夠用到這麼有潛力的平台，真的很讓人激動。」雖然她一開始的目的，是幫助她的個人計畫，但她用著用著，發現這能夠更有效推廣她的網路商品。「我建立各式各樣從餐點到活動布置等等的看板」「很快的、我 Pinterest 就把我列為特色帳號，也讓我的追蹤者變多。」

McWilliams 的品牌靈感來自流行文化跟英式下午茶，她那些餅乾造型的抱枕在 Pinterest 上無數個看板上被分享，尤其是那些跟居家布置、室內裝潢有關的帳號。她認為上面的用戶很積極用 Pinterest 來規劃「人生的重大時刻」，使得這些用戶跟同樣也是視覺取向的 IG 不一樣。儘管她主要跟品牌在 IG 上合作，她也不排除研究如何在 Pinterest 上變現。她說：「我認為在 Pinterest 上能建立（其他用戶）視覺呈現集的功能，讓它跟 Instagram 完全不一樣。」

本章重點

◆ 小眾的社群通常是因為這些網紅認為在主流市場、或者主流媒體裡找不到能夠代表他們的內容，因此才開始籌備計畫。

◆ 這些社群在故事、美學或形式上偏向反文化，從商業角度來看，值得關注那些做著讓人意想不到的事情、又在小眾市場中快速成長的人。思考一下 Kyra TV 創辦人 Devran Karaca 的決定，當他的對手都重點放在可分享、易於在臉書瘋傳的短片，他決定發展長片，做有質感的定位。跟隨個人的眼光，創立與現在文化相反的業務，能夠有效率的了解未來市場。

◆ 有許多小眾網紅基於自身的經驗建立他們的社群，藉由討論這些經驗，他們的計畫具有無法撼動的真實性。除此之外，因為他們的內容很專一，所有的受訪者都受到主流媒體、大型運動或者某些與他們價值觀一致的品牌的注意，也就是說，交叉行銷能夠觸及他們的受眾，而不會像主流品牌那樣使得社群效果變淡。

◆ 對創立社群的網紅來說，在小眾社群變現是一項大挑戰，因為他們不能背離那些吸引核心受眾的價值。想跟這類網紅合作的品牌，應該思考一些創新、對他們的粉絲有用的合作關係，像是一些活動等，而不是光提供他們業配的機會。

◆ 與小眾網紅合作的價值在於，他們非常了解他們的受眾想要什麼、如何跟他們對話。他們可以告訴品牌，粉絲對什麼樣的內容最有興趣，也知道哪些子類別能夠激起最多互動。Williams 提到 The Hotbed Collective 時強調，他們的受眾不只對性愛內容有興趣，他們喜歡這類的內容，而且擴及更廣的議題，像是控管人生，以及性生活要如何融入日常生活之中。

8・問題重重的產業

　　Logan Paul 在日本著名的自殺森林拍 vlog 時拍到遺體；Felix Kjellberg 推薦提倡反猶太內容的 YouTube 頻道；Jeffree Star 不斷使用種族歧視的字眼。酸民、一窩蜂心態、網紅詐騙、職業倦怠……數位網紅產業充滿缺點，因為上面有太多的自尊心、慾望作祟，如果有廣大的粉絲、高互動率，就能賺到快錢。品牌想賣產品，經紀人將故事包裝成商品，網紅也受到快速的關注與名氣上癮。為了從社群媒體上的受眾得到想要的東西，任一方的行為變得更激烈，問題出現了：網紅的世界似乎不受任何規範。

　　一般人的反應是科技公司應該對此負責，但這需要跨平台的合作，因為幾乎沒有哪個網紅只用單一平台。此外，社交網路也不想要失去擁有最多內容、也是最具爭議的內容創作者，有些人甚至覺得自己是言論審查的受害者。畢竟他們跟百萬受眾的溝通能力，也是他們吸引品牌到社群媒體的商業吸引力。廣播媒體工作者、《另類右派：從 4chan 到白宮》作者 Michael Wendling 相信，透過法律上的改變，能夠解決那些網紅引起的問題及冒犯人的內容。他說：「美國的立法者可以去反應社群媒體的公司

應該對使用平台的人負有責任，這不是天馬行空。」

　　不過，網紅產業的問題比酸民、恐嚇、散播仇恨思想還要嚴重得多。從最簡單的說起，有些內容創作者面臨一些心理壓力，每天被無法掌握的供需問題困住。為了要維持高觀看數，也要賺夠多的 YouTube 廣告收入，才能維持他們的工作。儘管，他們即將面對的是明顯的職業倦怠（自 2016 年以來，職業倦怠的 YouTuber 人數一直在上升），但他們仍將觀眾互動看得比自己的心理狀態還要重要。

　　還有一類網紅，擁有粉絲、追蹤者，因為雙方接近友誼的關係，使得這些網紅能夠利用他們身邊的人，包括同行的內容創作者或者粉絲。網紅詐欺呢？他們透過內容農場吸引粉絲數及互動，向那些對品牌完全沒有興趣的人賣品牌的廣告。

　　除此之外，也發生過幾次重大道德議題，例如資助這個網紅產業的公司，跟這些議題到底有沒有關係呢？在追逐數位投資報酬率的競賽中，網紅本身似乎沒辦法決定這個產業呈現如「美國舊西部」般的樣貌。

» 死亡威脅與黑粉：歡迎來到網紅的酸民世界

　　網紅擁有真實互動的受眾，能夠像社群一般的互動，這是網紅這行吸引人的一點。不過，其中的缺點之一就是，他們的粉絲相信，因為如果網紅分享個人內容，也常收錢辦事，所以如果網紅做錯事，粉絲就有資格罵他們，他們覺得這樣很公平。俠波網紅公司創辦人席・巴波・布朗承認，網紅受到霸凌的頻率跟密集程度「越來越糟」。他說：「網路帶來最大的好處，就是人人都能夠發聲，而最大的壞處，就是人人能夠發聲。」網紅與粉絲的線上衝突之所以加劇，是因為受眾似乎能從社群立刻轉變為暴民，若有酸民湧入他們的平台，暴民數量就會大幅增長。在社群媒體上，討論跟分享是群體活動，圍剿他們追蹤的人也是群體行為。對許多網紅來說，酸民每天都有，不需要特別做什麼事就會引來，因為他們的受眾有一部分是「黑粉」，也就是那些因為討厭他們而訂閱的人。美妝部落客兼 IG 紅人 Andreea Cristina Bolbea 2018 年時透露，她至少封鎖了 20 萬名粉絲，因為她每天收到這些人的霸凌、恐嚇訊息跟死亡威脅。

　　身心靈網紅跟媒體工作者 Poorna Bell 遇到跟 Bolbea 類似的情形，當她認為網友對她有不良意圖，或者讓她生

氣的時候，就會封鎖他們。「我不想要他們的負能量出現在我附近，這是我的貼文。有很多人似乎認為，因為平台是公開的，我就得接受或者忍受負面留言，但我不這麼認為。」

巴波・布朗說有很多在網路上攻擊他客戶的人都是兒童，但若說這類議題都是因為幼稚心態而導致，其實並不正確。確實，成人也可能在攻擊網紅的事件當中參一腳，也包含具知名度的人。舉例來說，Scarlett London 部落格創辦人 Scarlett Dixon 在 2018 年有一則贊助的 IG 貼文收到許多負評。那則照片收到的主要批評是內容虛假，她拿著一個空的馬克杯，她的早餐鬆餅實際上是墨西哥捲。除此之外，有觀察入微的網友發現，她的床罩好像是印著她照片。由於以上的因素，加上這則貼文是漱口水李施德霖的業配，Dixon 經歷了 48 小時的轟炸，包括死亡威脅。她在這次事件過後的一則貼文中，透露那些傳送惡意訊息給她的人包括國會議員、自認為女權主義者、人氣演員及多產的媒體工作者。她寫下：「我每更新一次，就收到幾百則惡意的訊息，湧入我的 IG、推特跟 YouTube。」她補充：「現在網路上有數十萬則貼文在那邊到處傳，羞辱我。」

助產士兼部落客 Clemmie Hooper（IG 名為 Mother of Daughters）則在 Mumsnet 的討論串及 IG 上被酸民攻

擊。她說：「有時候，那些人講話的方式，就好像你殺了人一樣。」人們可能因為微不足道的事情就覺得被冒犯。受這種情況的影響，讓她現在很難分享各種私人的事情，因為她很擔心收到什麼反應，但她原本是因為坦率的分享家庭生活而出名。「我一直在猜網友的反應，到我終於把文章貼出去的時候，馬上只想刪掉它。」Hooper 認為網友很執著，要「吵到贏為止」。

媒體工作者兼部落客 Esther Coren 也經歷過網路霸凌，因為她替 Space NK 寫了一篇女兒對打扮失去興趣的文章。她承認：「身為被網路霸凌的對象，讓我受到驚嚇。」她補充：「我不想要太戲劇化，但我可以想見，如果你很年輕、很脆弱的話，酸民一直攻擊你，真的會想要自殺。」

Coren 認為這種線上暴民的墮落行為「跟瘋了一樣」，她也認為網友那種在社交網路中罵人的意圖讓人難以理解。「我不會對一個人這樣講話，我永遠不會在電子郵件、或者在網路上對一個人講這樣的話，就算是面對面，我也都很有禮貌。看到還算理智的人在認為自己不用負責任時會表現出怎樣的行為，這感覺真的很差。」

許多網紅認為，**匿名的網路讓追蹤者認為可以任意口出惡言，而沒有去思考，若是面對面的話他們是否還會這樣做。**

在這樣網路暴民的行為中，還有種「人多勢眾」的感覺。這使得在共同的政治意識型態下，線上聚集的網友可以進行更加險惡的編組，並且能有效的攻擊目標對象，這些目標被說成這些群眾所反對的一切。2014 年，英國工黨黨員兼國會前議員盧西亞娜 · 伯傑（Luciana Berger）就曾經歷類似的情況。當時新納粹網站《每日暴風雨》的編輯鼓吹讀者騷擾她，因此她的推特遭到許多網友攻擊。有文章指出，編輯 Andrew Anglin 建議讀者如何嘲諷她，甚至建立匿名推特帳戶，因此就無法追蹤用戶身分。Wendling 說：「Anglin 的手法卑鄙，那完全就是活生生的憎恨。」

不過近年來，也有一些網紅成功追究肇事者責任的例子。曾獲英國影藝學院電影獎的媒體工作者兼紀錄片導演馬克 · 代利（Mark Daly），曾因為調查蘇格蘭「老字號」足球隊塞爾提克及格拉斯哥流浪者的內部問題，在推特上收到多則威脅。2013 年，有人在一次攻擊中洩漏他年邁雙親的住址，所以他報警了，最後被告在法庭遭起訴。代利說：「推特是個邪惡的地方。」「如果我臉皮不夠厚，我早上都起不了床，要謝謝那些匿名的鍵盤魔人。」

Wendling 因為問題是人們還不知道什麼是網路禮儀。「我們不會討論網路禮儀，而且社群媒體的公司發展得太

快，也沒辦法真的實施某種標準，因此現在我們的文化就是建立在基本情緒上。」

雖然在社交網路上封鎖酸民跟歧視團體，或將他們自社交平台移除，也就是把這些冒犯人的團體請走，能夠有效的讓他們不再影響他人。但這並沒有解決問題。Wendling提到一個在 Reddit 上被禁的團體，說：「那些人現在在哪裡聚集呢？我不知道，但他們鐵定還在某個地方。」

» 當社群成為暴民

助產士兼 Mother of Daughters 部落客 Clemmie Hooper，2013 年時加入 IG，在此之前她寫了兩年的部落格 Gas & Air。當時，她的網站主要是分享女性的生產故事，在 2019 年經歷一些改變，將她學習助產得到的專業生產建議也納入其中。不過，用了 IG 之後，Hooper的數位內容變得更個人化。她開始發自己的照片，還有先生 Simon 跟女兒 Anya、Marnie。之後，他們買了第一間房子，她也分享室內裝潢的照片。她說：「人們開始跟我的內容互動，問我擦什麼色號的口紅。」不過，當她發現懷上雙胞胎的時候，Hooper 的粉絲數暴增，有數十萬粉

絲追蹤她從一打二到一打四的生活。Ottilie 跟 Delilah 在 2016 年誕生，Hooper 持續記錄她的生活，包括帶雙胞胎的心路歷程。然而，2017 年 9 月，從 Mumsnet 網站湧入大量惡意的批評，認為她不應該把小孩的照片放到 IG 上——但有很多人都這麼做，為什麼只針對她呢？

「我不知道為什麼他們一直攻擊我。我不覺得我粗魯或者有侵略性。」她加入 Mumsnet 社群，心想加入之後可以平息這股紛爭，停止這些「惡意的謾罵」，卻徒勞無功。她說：「情況變得更糟，我很受傷，傷心欲絕，覺得自己不完整了，被一群女性謾罵，也沒辦法改善這個情況。」

這個事件對她的心理狀況造成很大的影響，她開始疑神疑鬼。「我一直想這些女性可能是我的同事，可能是我認識的人。我覺得好像不管我做什麼、寫什麼，都會被討論。」「我必須停下來，感覺好像我快崩潰了。」

她在 2018 年 4 月暫停使用 IG，並在網路上消失，也取消與四個大品牌的合作。雖然她消失了，網民持續在 Mumsnet 寫下跟她有關的負面言論。「他們非常熱衷在這個不理性的行為中，鼓勵彼此變得更負面。」

她決定永遠離開 IG，讓更多喜愛她內容的人對她留下祝福的話。她的粉絲到臉書上詢問她先生她過得如何。

2018 年夏天她又回到 IG，她解釋原因：「我發現人們還是很善良，我覺得我還有很多事要做，我不想放棄。」但在她的個人帳號中，找不回她以往使用的快樂。她說：「我的貼文比一年前少很多。」「我感覺得到自己慢慢的不再喜歡 IG。」

不過，故事還沒完。她重新開始她的部落格 Gas & Air，建立新的 IG 帳號，又找到在線上寫作的意義，火力全開，回到一開始分享內容的初衷：她喜歡寫女性懷孕跟生產的故事。「我喜歡四萬個粉絲，而不是 60 萬，我覺得人們不了解其實回訊息的人是我本人，助產是我喜歡的內容。」她接著表示：「如果 IG 明天就消失了，我也不會太難過，我永遠都是助產士，我並不是立志要做網紅。」

》職業倦怠：做這份工作要當心健康

從 2016 年開始，網紅出包的新聞有增無減。一位內容創作者說，雖然他們的生活曾是他們夢寐以求的一切，但最後沒辦法再過這樣的生活了。他們不開心，得到心理疾病，因為自我要求而加諸在自己身上的創作頻率，把他們壓垮了。在那些創作量大的 YouTuber 身上常發生職

業倦怠現象，因為們的訂閱數夠大、頻道也夠大，拍影片變成他們的正職工作。YouTuber 上最多產的創作者 Felix Kjellberg（也就是 PewDiePie）說他曾在 2016 年倦怠；2018 年四位重要網紅——Lilly Singh、Bobby Burns、Elle Mills 與 Rubén Gundersen 皆表示，他們必須在崩潰之前先休息一陣子。人們對這些公告的反應有同情，也有人沒耐心，因為這些每日更新的 vlogger 為了維持他們上傳影片的頻率、觀看量，休息時間很少，睡眠時間也不足。

舉例來說，Tyler Blevins（也就是 Twitch 的 Ninja）在受 YouTuber Ethan 與 Hila Klein 的播客 「H3H3」採訪時表示，他每天早上九點半到下午四點都掛在網路上。接著，他花兩到三小時陪家人，再從七點到大約凌晨兩點或三點開電玩直播。他 2018 年時的一則推文說，他一離開 Twitch 48 小時，就少了四萬個訂閱。本書所有的受訪者都說：「我希望你可以調查一下為什麼會這樣。」

利亞姆 · 奇佛創辦的 OP 網紅經紀公司旗下，有一些高產量、每日更新的 vlogger，包括 Ali-A，他承認全職 YouTuber 必須執行一個很不人道的行程，對他們的健康不好。他說：「大方向就是你必須一直更新，就算不是每天的話，還是得上傳很多。不只是為了互動率，還包括定期擠上 YouTuber 首頁。有些人覺得煩惱，怕有一天沒跟

上，所以乾脆熬夜不睡。」

他知道要維持 YouTube 上的成功，必須要非常投入大量的心力、長期的精力，他認為有些人不適合這樣的工作，尤其是在電玩的世界。「他們每一天都得打贏，壓力非常大。」他說：「如果他們在最一開始的幾小時效果不好，可能就無法獲得所需的觀看數。」「要能承受這樣的壓力，需要具備某些特質。」

YouTube 的早期採納者 Taha Khan 解釋，為了在 YouTube 上賺錢餬口，必須追求不定期的觀眾的觀看次數，好讓 YouTuber 從廣告收入賺錢。這些人因為在 YouTube 首頁上看到影片推薦，而點進現在流行的內容，並不是那些花時間成為他們社群的頻道訂閱者。

Khan 說：「如果你落入跟著潮流、得到觀看次數的陷阱，這樣的循環永遠不會結束，就變成倦怠的原因。這是沒有終點的迴圈，為了追逐不定期的觀眾，失去原本你做 YouTube 的初衷。」

每日更新的內容創作者 Scott Major 承認，如果你想要將內容創作變成事業，必須接受一個殘酷的事實：你不會有休假的時間，也必須一次管理好幾個平台。他說：「就算你在度假，也必須確保你的推特或者 IG 等社群媒體時時更新，觀眾才不會失去興趣。」

奇佛同意，對那些每日更新的 vloger 與內容創作者來說，就算離開 YouTube 一下下，都會帶來嚴重的影響。他說：「很少人能夠離開而不被這些平台控制。」不過，他注意到有一個人例外——演算法跟上傳影片的頻率對他來說都沒差，那就是他的客戶 KSI。「人們不斷看他舊的內容，就好像在看影集。」

» 信任與受眾親近度

對受眾來說，網紅跟他們的關係就像朋友一樣，這一點很吸引人，但也是問題所在。除非網紅能以負責任的態度對待受眾，讓粉絲跟訂閱者可以信任他們，否則這樣的信任是不夠格的，而且會使受眾處於弱勢地位。在 YouTube 上來說尤其危險，因為有許多產量高的內容創作者的追蹤者是兒童。

當提到內容創作者跟兒童訂閱者的關係時，Khan 說：「我很擔心那些小孩子看不出來影片充滿表演意味，那就只是一個表演。」因此，他在他的 vlog 裡經常拿著一個空杯子，諷刺那些生活類 YouTuber 經常邀粉絲在看影片時泡一杯茶，彷彿他們是一同坐下來聊天的朋友。

2018 年有起事件登上英國各大媒體。多名青少女指證每日更新的 YouTube 頻道 The Ingham Family 裡面的爸爸 Chris Ingham，透過推特及 Snapchat 向她們發送騷擾訊息。其中一位、16 歲的 Jess Simpson 聲稱，她剛好跟 Ingham Family 一同在佛羅里達迪士尼樂園的時候，她收到他的私訊。她跟家人在一起，而他跟太太、小孩在一起。在那些她主張為 Chris Ingham 傳來的訊息中，他鼓勵她「偷溜出來」見他，說他想要「裸泳」。Jess 覺得他傳訊息的語氣讓她不舒服，便告訴她媽媽，之後也將這件事告訴蘇塞克斯警察局。警方發出的聲明表示，Simpson 已年滿 16 歲，也沒有與該位 YouTuber 實際見到面，因此 Chris Ingham 並不構成犯罪行為。2018 年 8 月，Ingham 在 YouTube 上傳一支影片否認所有指控。Simpson 則透過自己的 YouTube 影片表示，自從她在推特上公開那些截圖，就從 The Ingham Family 的粉絲那邊收到死亡威脅。她在唸一封給 Ingham 的公開信時，說：「你不知道這件事情對我產生多大的負面影響。」

網紅的產出內容很平凡、能引起共鳴，因此大家常常忘了其內容具表演性質。他們向觀眾介紹家人，也在線上邀請大家到他們家，這種公開的程度不會讓人起疑心。不過，就算是網紅同行也可能被騙，他們甚至沒意識到

這個人在說謊。Asha Dawes 就是一例。2017 年她以 Asha Pinder 的名稱、以癌末媽媽的身分加入親子網紅圈。她後來跟當時是部落客的 Natasha Bailli 成為密友，並經常跟她合作。問題出在哪裡？這一切都是為了使她在網路成名的騙局，她從家人那裡騙得 13 萬 2 千英鎊，以支付子虛烏有的治療費，這也是她用來騙過英國稅務海關總署的一招。她在 2018 年被判了四年有期徒刑。Baillie 後來受 Cancer With A Smile 部落格的作者 Audrey Allan 採訪時表示：「我認為，遇到一位罹癌的朋友，讓人很難做好心理準備。但是若你發現自己一直支持、照顧的朋友騙你她罹癌，我覺得沒有人能接受這樣的事。我那幾年真的很難受、很傷心。」

創造身分、表演、編故事，都是網紅的技能，因為這能讓他們把每天千篇一律的東西轉換為值得收看的內容。許多人會把自己的個性放大，好讓內容更精彩，但也有人把自己講成值得信賴的對象，進而利用這樣的身分。在他們產出的內容裡出現譬如看起來就像你家的房子，向觀眾暗示安全感跟真摯情感，沒有什麼好隱瞞的。但有許多網紅承認，這些都是安排好的橋段。

網紅並非照實記錄，而是呈現某種事物的假象所產生的後果，在 2017 年的 Fyre 音樂節事件中赤裸裸的展現出

來。該音樂節原本宣稱為一場豪華音樂節，在四月與五月的兩個週末於巴哈馬舉行，並在社群媒體上大肆宣傳，概念宣傳片裡包括坎達兒 · 詹娜（Kendall Jenner）、海莉 · 鮑德溫 · 比伯（Hailey Rhode Bieber）與貝拉·哈蒂德（Bella Hadid）。

不過，這場費用高達一萬多美金才能參加的音樂節實際情況是：被雨淋溼的地墊、量少得可憐的食物、以及還在施工的場地。Netflix 與 Hulu 在 2019 年發行的紀錄片中，將 Fyre 音樂節說成由詐騙分子舉辦的「國王的音樂節」，利用網紅宣傳，讓音樂節看起來很吸引人，這些網紅基本上是毫無誠信可言的代言人。這場活動的創辦人比利 · 麥法蘭德（Billy McFarland）因詐欺於 2018 年被判刑六年，他沒辦法付錢給為 Fyre 音樂節工作的當地人，對他們影響甚鉅，有些人甚至得拿出終生積蓄支付辦活動的開銷。

那些網紅呢？ DJ 兼製作人 Jillionaire 在 Netflix 紀錄片中受訪時，將該活動的宣傳形容為「好像會動的 IG」。根據 BBC 的報導，單凱莉 · 詹娜（Kylie Jenner）的一則貼文就收了 25 萬英鎊，在爭議事件發生後，該貼文已刪除。有許多在網紅行銷領域工作的人藉由 Fyre Festival 證明，網紅行銷能夠實際帶動銷售，但也有人進一步開啟討論，認

為內容創作者的業配內容應該搭配一致性的標示。詹娜那則跟 Fyre 音樂節有關的貼文呢？上面並沒有標示為業配內容。也有些人，認為這證實一些他們對於網紅的看法，也就是這些人存在的目的就是為了鼓勵消費主義，梗圖作者 Mollie Goodfellow 說：「我討厭網紅文化的一切。基本上就是人們說我們比你更棒，但如果你捨得花錢，也可以跟我一樣棒。」

網紅鬧出醜聞，便迅速道歉，已經成了社群媒體上的常態，因為人們經常發現網紅以前所發布的不適當推文，內容創作者也常常忽略他們的舉動在文化上是不恰當的。雖然這樣的事件會導致「退訂文化」，以大多數的情況來看，這並沒有讓網紅的粉絲減少，或者影響他們的收入。

美妝 Jeffree Star 雖然多次發表種族歧視發言，仍持續與多間知名品牌合作，包括 2019 年他跟刷具品牌 Morphe Cosmetics 推出聯名款。Zoe Sugg、Jack Maynard 跟 Holly Boon 種族歧視與階級歧視的舊推文被挖出來，但他們的贊助與合作機會也沒少過。KSI 也認為強姦沒什麼大不了，發表厭女言論。Alfie Deyes 的「一英鎊過一天」vlog 以他的健身教練及抱怨只能喝自來水而聞名。每一次的網紅醜聞都在推特上引發很大的討論，若是最知名的內容創作者，甚至會引起主流媒體報導。不過，這會損及他

們的商業利益嗎？並沒有，而且令人遺憾的真相是，如果這位網紅的直接受眾覺得沒關係，還無條件繼續支持他，那些資助他們內容創作的錢仍然會湧入。

» 如果數據並不是表面看起來的那樣呢？

2018 年網紅行銷市場最主要的議題就是網紅詐欺。有網紅買粉絲、買互動，以獲得品牌合約並得到收入。在同年的坎城廣告節，聯合利華的行銷長凱思‧維德（Keith Weed）呼籲透明化，也誓言他們不再與買粉絲的網紅合作。他認為從內容農場買粉絲的行為，已經危害消費者與網紅的信任，而這個信任就是品牌認為網紅有價值的原因。同一年，家樂氏也宣布不再以觸擊率做為網紅報酬的標準，因為他們無法確定這些互動是不是真的。家樂氏決定將以網紅的美學、風格，以及其粉絲跟目標市場有多相近，來當作價值評估的依據。大家已經了解到品牌必須採取行動，以免被不誠實的經紀公司或者網紅騙得團團轉，還丟盡公司的顏面。Captiv8 是一間位於舊金山的網紅科技新創公司，根據他們在 2019 年的研究顯示，在 2017 年，IG 網紅的贊助貼文費用高達 2.1 億美元，但其中有 11%

的互動來自假帳號。

不過，不只品牌採取行動想要對付網紅詐欺，社群平台也有在做事情。推特在 2018 年展開辨識、掃除假帳號的行為，女神卡卡的追蹤者頓時少了 250 萬人。基於同樣的原因，臉書消滅了 150 萬個帳號，IG 也開始刪除那些他們認為是機器人的帳號。

不過，雖然維德在 2018 年發表「不要假粉絲」的堅定宣言成了新聞標題，從 2017 年初，就有人開始批評網紅買粉絲、買互動的舉動。2015 年 IG 網紅興起之後，大家發現，若在平台上有一定數量的粉絲就能夠獲利，還能過上奢華的生活，因此有不少人投入這個產業。對於那些早期就開始寫部落格、拍 vlog 的人來說，他們花了好長時間才建立起有互動的受眾，採用一種「我們跟他們」不一樣的定位。幾乎所有受訪的內容創作者都認為「網紅」一詞太廣泛，因為這並沒辦法區分在這個產業裡不同類別努力的人，他們也覺得，他們創造的數位樣貌有受到剝削的可能，因為這個一網打盡的職稱，將整個社群的人都被視為一丘之貉。

從虛假的粉絲數延伸出一個問題就是，整體網紅都是不可信任的。一些早期部落客、vlogger 日漸公開真相以警告商業夥伴，也將自己跟那些施小技倆的人區分開來。

一位不願具名的網紅表示，現在買互動率已經比買粉絲還要更常見，因為就算知名的內容創作者也很想出現在動態牆上，現在的演算法就是重視按讚數跟留言數。

　　Inthefrow 的創辦人 Victoria McGrath 在她的網站上分享一篇文章，解釋為什麼買粉絲的網紅對於消費者跟品牌來說都有害。她也提供一些建議，能夠辨別哪些網紅有買粉絲。這篇文章跟她以前常寫的時尚、旅遊跟美妝內容大相逕庭，但她覺得她有必要選邊站。那篇文章寫道：「我領悟到，有很多跟我一樣的人花了很多年（我花了六年），在社群媒體上累積真實的受眾。他們發現我們，因為我們的內容跟創意而追蹤我們。」

　　2017 年，創業家、室內設計師兼部落客 Sarah Akwisombe 開始呼籲重視網紅詐欺問題，她會這麼做，是因為「大家不該認為大眾都是白痴」，而且「這讓原本應該很好玩的地方，充滿嘲諷跟負能量」。她補充：「這導致虛假的經濟行為，IG 經濟裡面的『泡泡』，讓人覺得『我也應該這麼做，因為這樣做有效果』。而且，不是所有人都能發現這些蛛絲馬跡，了解實際上發生什麼事。」

　　品牌也希望能夠辨別的粉絲跟假粉絲。辨認網紅詐欺的工具與方法，說好聽點是很簡單，但缺點則是準確度不高。常見的建議就是去看網紅是否有粉絲突然暴增的情

形，不過大家也必須將網紅粉絲為何成長納入考慮。他們是否剛好發行新產品？或者跟更賺錢的內容創作者合作？舉例來說，The Midult 創辦人 Annabel Rivkin 跟 Emilie McMeekan 在 2018 年 8 月發行新書時，他們的粉絲在三天之內就成長了六千人，原因是有些同類型的網紅推薦他們的書、以及主流媒體報導所帶來的自然增長。不過，有些網紅科技軟體就會將此列為警告，那時候其實對 The Midult 來說是建立品牌很棒的機會。網紅得到的互動突然增加，有可能是因為他們的內容，像是婚禮、訂婚、新生兒等，都是表現最突出的幾種貼文。

結論是：調查你正在合作的網紅。以人工、用自己的雙眼檢視他們的社交平台。你可能會對你從 Google 搜尋到的結果感到驚訝，但這就是讓你職涯上升的合作案與企業災難之間的區別。

辨別假粉絲的三步驟

1. 有許多評論都只有表情符號，或者一個詞。文法錯誤百出，或是用非網紅的母語留言的評論也都讓人起疑。理想情況下，你想要跟那些粉絲會問問題、標記朋友或者分享個人內容的網紅合作，因此會回留言、主導討論的網紅有加分。

2. 粉絲數量多，但互動率差。這就表示粉絲可能是從內容農場買來的，而且他們不跟內容互動，你的品牌在 IG 或者臉書的動態牆、或者是 IG 的探索頁面都得不到任何能見度。

3. 短期內粉絲快速成長（像是從零到十萬）。任何從無到有建立社群的人，都知道在不管什麼平台上，最初的一萬個粉絲是很辛苦的，可能得花上一整年。看一下網紅的內容，找看看他們是什麼時候累積吸引力的。他們的成長數合理嗎？他們是否跟較知名的網紅合作，或者做了什麼讓貼文瘋傳？看一下他們都跟誰互動，如果這個人是跟名人約會、合作，那大量成長、持續互動的粉絲就有可能。

五個受到主流報導的網紅爭議事件

- Miroslava Duma：這名創業家兼時尚網站 Buro 24/7 創辦人 2018 年受到抨擊，因為她在 IG 上分享一張設計師 Ulyana Sergeenko 寫的卡片，裡頭含有種族歧視言論。幾天之後，一段 2012 年的影片在網路上被瘋傳，Duma 認為男人穿女人的服飾不妥，她認為這樣的內容應該受到審查。批評她的名人包括娜歐蜜 · 坎貝兒（Naomi Campbell）和部落客 Bryanboy，Duma 在影片裡曾說 Bryanboy 很「怪異」。

- Claudia Oshry Soffer：她創立以梗圖為主的 IG 帳號跟播客 Girl With No Job，當她母親 Pamela Geller 被發現是反穆斯林的社會運動家時，上了許多媒體版面。儘管她宣稱自己跟媽媽沒有抱持一樣的看法，但她的社群帳號被發現有幾則反穆斯林的貼文，她的脫口秀 The Morning Breath 因此被取消。

- Jeffree Star：他 2017 年及 2018 年的影片被流出來，這位美妝 YouTuber 不斷使用種族歧視的字眼，在其中一段，似乎是在說 vlogger Jackie Aina 為「大猩猩」。Aina 透過在推特上的公開信回應，他的行為是「赤裸裸的種族歧視」，他的回覆則上了主流媒體。

- Shane Dawson：從他開始在 Myspace 建立數位內容開始，這位 YouTuber 就爭議不斷。在他 2015 年錄的播客 Shane and Friends 中發表過一些人獸交的言論，這些內容在 2019 年被翻出來，他不得不道歉。他在 2018 也拍過道歉影片，為了他在 2013 年錄的一集播客裡提到戀童癖的笑話而道歉。

- Yovana Mendoza：雖然這名網紅在 YouTube 跟 IG 上推廣生機素食，她在 2019 年被拍到吃魚的畫面，因此遭受猛烈抨擊。她拍 vlog 解釋，因為健康問題才決定開始吃葷。不過，批評者無法同情她，因為她非但沒有承認她改變生活方式，仍持續鼓勵觀眾採用那個可能讓她健康出狀況的生機素食。

本章重點

◉ 如果網紅的社群不同意該名網紅所作所為，這個社群可能瞬間轉為網路暴民。在這個時代，得罪人是很容易的一件事，若出現不夠敏感、無知的指控，事情可能在幾小時之內就像雪球越滾越大。

◉ 對全職 YouTuber 來說，必須定期更新影片，最好是每天，這是為了維持他們從 YouTube 所需要的流量才能賺錢。他們若想要出現在 YouTube 首頁，必須快速跟上流行話題以及內容形式，因為出現在首頁能取得 YouTube 大多數、無忠誠度的觀眾與其互動。如果內容創作者一週之內沒有更新，互動率高的粉絲也會流失。

◉ 在每日更新的 vlogger 裡面，有越來越多人遇到 YouTuber 職業倦怠的問題，因為他們每天都需要在各種社交平台製作、編輯新的內容。如果你身為品牌，想要跟 YouTuber 合作，必須注意該創作者的更新頻率，在理想的狀況下，你會希望他們維持一定的頻率，以確保你投資的內容持續保有能見度。

◉ 調查你正在合作的對象過去是否引發爭議？有鬧出醜聞嗎？他們是否一再犯下同樣錯誤？跟那些發表歧視言論的網紅合作，不只對與品牌形象有害，對企業也有負面影響，這會讓你的公司跟整個社群區隔開來。

◉ 以自己的雙眼跟常識，去判斷受眾互動跟成長是否合理。如果按讚數、留言數跟粉絲量比起來很可疑，可能有問題。但人氣突然上漲，也可能是因為該網紅在某個時候遇到了很棒的合作機會。

9 · 數位影響力的未來

　　事實就是：數位影響力會持續下去。網紅周遭的產業會改變，網紅的工作內容會改變，但只要消費者仍然使用網路，線上網紅就會存在。只要品牌需要跟消費者溝通，就會投入資金到網紅產業，讓產業更加茁壯。有兩件事情會從根本改變：一是網紅會如何運用自己的影響力，以及他們要如何藉由網路平台執行這件事。

　　如果跟非常知名的網紅聊天，他們會說自己的名氣已經到達不必去管哪一個平台的境界，用來發表內容的平台不重要，重要的是他們將持續產出內容。YouTuber、作家兼創業家 Patricia Bright 說：「重點不是 YouTube 或者 IG，這些東西來來去去，我們要把重點放在線上溝通，這可能永遠成為我生命的一部分。」製作男裝 YouTube 節目《PAQ》的 Kyra TV 創辦人 Devran Karaca 承認，他的野心不只是在主要的社群平台發展品牌，而是放眼更大的機會。他說：「我們關心串流服務跟授權。」這不是傳統媒體，但也比充滿混亂演算法和民主的 YouTube 還要更進一步。

　　事實上，許多網紅，尤其是早期採納者，期望與特定

的平台脫鉤，跨足至傳統媒體也是他們的首要目標之一。YouTuber 兼作家 Louise Pentland 最終想成為 BBC《舞動奇蹟》的參賽者，或者是 ITV 談話節目《寬鬆的女人》來賓之一。部落客兼造型師 LaTonya Staubs 2019 年出版第一本書，她也很好奇自己作家生涯的未來走向；雖然她說會持續使用社群媒體，但她「也想專心寫作，並累積自己寫作的那一面」。無獨有偶，作家兼部落客 Katherine Ormerod 也想寫第二本書及創作劇本，但她認為有更多像她一樣的人將會持續進行斜槓人生。她說：「我會一直寫作，因為寫作的樂趣很純粹。我也會跟品牌合作、當顧問以及演講，我想要把這些事情全部加在一起。」

《Vogue》前編輯、網紅、現為新創公司 CEO 的 Calgary Avansino 相信，傳統媒體的概念正在改變，因為現在社群媒體（YouTube、臉書、推特跟 IG）的浪潮已經逐漸成熟。她笑著說：「或許有一天，我們會覺得臉書是傳統媒體了。」她現在也是美妝遊戲 app Glamcam 的創辦人，在科技業工作，也看到用戶需求的變化可能會影響下一波網紅所運用的社群媒體。她認為消費者在找的是「較不水平、更寬廣的平台，著重在社群」。她並補充：「科技業的本質就是不斷改變、創新跟改善，所以沒有人是永遠的贏家。」不過，在她看來，IG 雖然有自己的問

題，但讓人持續用起來很開心，也代表 IG 的發展就是這樣。Karaca 則建議想要觸及 Z 世代或者更年輕族群的品牌要記住，這些人收看 YouTube 已經跟呼吸一樣自然，對有些人來說，比看電視還要自然。

不過值得注意的是，本書主要探討的都是西方世界的網紅與行為，在世界上其他富有的市場中，網紅產業的潛力還沒完全開發出來。舉例來說，雖然阿拉伯聯合大公國跟沙烏地阿拉伯的消費者喜愛奢華生活的內容，那裡的時尚與美妝網紅並不多，因為在那裡，慎重做決定是很重要的事。2009 ～ 2019 年擔任阿拉伯文版《哈潑時尚》的總編輯 Louise Nichol 卻認為，不會永遠維持現在這樣。她說：「我認為隨著社會的變遷，這個現象遲早會改變。」若想要在中東成為成功的豪華生活網紅，Nichol 認為必須吸引到有錢的卡利基消費者，也就是住在阿拉伯半島的人，這個網紅必須擁有無懈可擊的品味、極重視家庭價值。她說：「Karen Wazen 就是很成功的例子，黎巴嫩的網紅是精品市場的佼佼者。」

她對於那些對中東市場有興趣的品牌或網紅有什麼建議嗎？「隨著沙烏地阿拉伯的開放，將出現更多以阿拉伯文寫作的內容，如果有人能夠展現出讓人嚮往、但跟阿拉伯世界息息相關的內容，就會成功。」

» 成就、真相與小的受眾

　　對於早期採納者，或者在 2014 ～ 2015 年的 IG 熱潮累積粉絲的網紅來說，品質跟成效是非常重要的。他們是基於一定數量的內容來建立事業，能夠快速掌握並精通時時更新的能力。但對許多人來說，這樣的內容已經不能滿足他們，他們更想要的是那些有足夠時間、空間能產出有意義、時效長的作品。網名 Garcon Jon 的攝影師 Jonathan Daniel Pryce 是 IG 的早期採納者，他正重新研究類比攝影以及如何在暗房沖照片。他還是學生的時候，類比攝影激發了他對攝影喜愛。「我越來越常拍底片攝影，走一個慢的過程，上傳數百張照片相較之下反倒沒那麼有趣，而且我也想要再出更多書。」

　　攝影師、IG 的早期採納者 Finn Beales 發行一本他在威爾斯的海怡生活所拍的攝影集之後，也覺得他的工作很有趣。歷經數年追逐按讚數、觀看數、演算法後，大家逐漸認識到**網紅不再需要以大眾為尊，拉低身段**。YouTube 頻道 JacksGap 的創辦人傑克 Jack Harries 早就意識到這一點，他轉變為環保主義者和電影製片，在 2017 年的 The Do Lectures 演講中，他表示因為被影片量逼得很煩躁。在 YouTube 上發表內容的壓力源源不絕，隨著頻道越來

越大，他的壓力也一直變大，明明他記得之前還想著：「要怎麼樣才能使這麼多人開心呢？」在這些網紅受訪的時候，不斷有人表示對於小型社群、更聚焦的計畫的喜愛，而不是包山包海的內容。想想 Clemmie Hooper 所說的，她重新將重心轉移到四萬人受眾的助產士部落格 Gas & Air，跟讓她成名的個人 IG Mother of Daughter 上的數十萬粉絲相比，這樣獲得更多成就。

同時，看了幾年 IG 上那些看起來精心拍攝、力求完美的照片之後，現在更流行的是貼近現實、不做作的美學。這是因為隨著平台已經飽和，內容創作者想在平台上脫穎而出，Z 世代便以無所顧忌的方式拍照、拍影片。確實，千禧世代喜歡的內容已經跟 IG 畫上等號，平鋪式拍照、令人起疑的完美無瑕的身形、零痘痘的自拍，現在都已經被越來越多模糊、隨手拍、不在乎的照片取代。Pryce 說：「年輕一代的人沒有像我們把 IG 看得那麼重要。我看反社群媒體的明星怪奇比莉，他們這一代的人看 IG 就好像我們看臉書一樣，是爸媽那代的人在用的東西。跟我們一樣在 IG 下盡功夫一點都不酷。」

另外一面來看，那些透過發布讓人嚮往內容而累積受眾的網紅，現在也改用更需要耐心的方式記錄生活。不只為了互動率，而是因為他們想跟粉絲建立更深層的連結，

IG 上的完美照片也反而對他們的生活產生一些困擾。

NET-A-PORTER 的數位編輯總監珍妮・狄克森發現，有許多網紅分享的內容包含了脆弱的一面。這也正是紐西蘭藝術家 Ruby Jones 在 2019 年基督城清真寺恐攻所畫、那幅撫慰人心的作品的元素，因此那張作品才會在全球瘋傳，吉吉・哈蒂德也是分享的名人之一。Ruby Jones 在討論她的作品時說：「這就是看到人性光輝的時刻，我認為這就是大家需要的，也就是他們與我的作品產生連結的原因。」

育兒網站 The Glow 創辦人 Violet Gaynor 說，透過她當媽媽的經驗，她的品牌正經歷自然的演變。她認為她的粉絲想要的內容，是那種能夠引起情緒反應、讓他們覺得得到支持的。「人們想要真相，越赤裸越好，因為這就是我們經歷過的內容。」「就好像說『妳不是唯一一個躲在浴室哭，不想讓小孩發現妳在哭的人』。你不是唯一一個經歷這種事情的人，這種內容非常有力量。」

曾為名人造型師、現在是時尚評論家 Grace Woodward 也認為，IG 越來越多真實的照片而非美照，因為自從她開始 Body of Work 這項計畫之後，她的 IG 互動大增，這是一系列她拍攝自己不完美身體的裸體照片。她貼這些照片，是為了反擊那些在 IG 平台上充斥的大量

裸露照片，她將這些照片比喻為 A 片，而且也擔心這將會影響女性形象。

Grace Woodward 說：「人們急需要真誠的內容，而且變得無法處理真實生活的事情，因為他們看不到真實生活的樣貌。如果看不到，就做不到。雖然在 IG 上充滿性慾化的女性，但也有許多女性想要獲得認可。」

對某些網紅來說，在網路上提供更真實的照片、更真實的故事還不夠，還沒辦法滿足他們的社群所需。**為了擴大他們展開的對話，他們將品牌帶到新的方向，也就是線下**。親子類網紅、Mother of All Lists 網站創辦人 Clemmie Telford 說：「我把我在做的事帶到真實的世界、人們可以在房間裡一起說故事、分享經驗、互相擁抱。」

網紅分享的內容不再是光鮮亮麗的生活，他們的受眾也因此敞開心胸，這些網紅便關心人際互動，帶動面對面的討論。The Midult 創辦人 Annabel Rivkin 與 Emilie McMeekan 為了推廣他們的第一本書《我過得非常好！不完美女性手冊》規劃一系列的活動，發現他們的粉絲其實過得並不好，也急迫的想跟人討論。因此，活動參加者必須在活動一開始拿到的小卡上回答這個句子：「我過得非常好，但……。」他們收到的告解、傾訴的內容很驚人。包含：「我覺得被低估、不受重視。」「我是我認識的人

裡面，最與人隔絕的人。」「我的老闆是企業神經病，但我覺得我年紀太大，無法再換工作。」

Poorna Bell 也是極力記錄真實生活的先驅者。2015年她在《赫芬頓郵報》寫有關她先生的自殺事件之後，便在網路上收到許多感激的話語，感謝在她的版面能夠討論心理健康問題，因此她發誓不再跟隨潮流發內容，或者發那些老掉牙的內容。她說：「我不會發那些看起來假假的內容，我自己都會渾身不舒服。」「我如果感覺沒有能量，就不會說自己充滿能量。」

不過，這不表示那種千禧世代喜愛的時尚為主、精心製作的內容會消失。IG 內容之所以不斷發展，代表裡面不只是尋找生活靈感的人，但 IG 做為發展得越來越大的型錄，這件事情將繼續存在，而且對品牌來說無疑也是正面消息。如狄克森所說：「有些網紅真的能帶動導購，他們具備豐富知識，也很了解與哪些品牌合作效果最好。」IG 被定義為時尚、生活的平台，早期採納者 Mona Jones 認為，IG 比以往任何時候都還要像購物平台，這跟她自己的旅遊、慢活內容有所衝突。

那些想在這個市場中成長的品牌必須思考他們所傳遞的訊息及與他們合作的網紅的關係，以吸引新的消費者對他們的產品產生興趣。大尺碼時尚部落客 Chloe Elliott 表

示，那種因為話題正熱（像多元化）而一窩蜂的跟進，如果沒有在廣告活動徹底實施這種概念，最終將不被大眾所接受。她曾經擔任時尚業採購，也懷疑許多製作多元化概念的品牌並沒有完全了解身體自愛的意思，他們做的廣告實際上對公司有害，因為從廣告中就可看出大企業的無知。「只有那些真正包容、接納、才能正確傳達身體自愛的訊息。」「我想要看到更多的大尺碼女性、身障人士、跨性別者，我們不是只有一種樣貌，品牌應該開始展現多元樣貌，才能反映出他們的客戶群。」

美國的大尺碼女性服飾市場值 460 億美金，從經濟上的考量，發展這塊市場也是完全合理的，不只是照片，還包括觀點。Lucy Nicholls 做為網紅兼英國時尚品牌波登的社群小編，她證實這種訴求包容、多元的願望確實存在。她說：「人們不斷要求品牌應該更具種代表性、各式各樣的觀點正逐漸冒出來。」

» Z 世代以及運用數位影響力改變世界

千禧世代與 xennials 世代的網紅雖然擁有高互動率、大量粉絲，他們也擔心自己只是在對同溫層喊話，特別

是在推特上。Z世代使用社群媒體的策略，以數位平台展示、講解及動員，更使這種焦慮的心情大增。跟前一代的人相比，這個世代的內容創作者跟評論者以更直覺的方式使用社群媒體、激勵觀眾。此外，他們沒有受到兩極化的政治分裂，而是齊心對抗那些影響他們這個世代的議題，有些甚至影響到他們的壽命——最主要是氣候變遷、暴力與心靈健康問題。千禧世代在全球經濟大蕭條的時候成年，他們對於這種全球危機的反應，是在社群媒體上建立事業，擺脫無助的情境；而Z世代的網紅決心投入重大議題，並共同解決。

Emma González是2018年佛羅里達校園槍擊案的倖存者，該事件發生於帕克蘭市的斯通曼・道格拉斯高中。她是2018年美國生命大遊行運動的代表人物，該運動目的是為了推動槍枝控管、法案改革。她沒有選擇與她同世代的人最常用的平台，像是YouTube、IG或Snapchat，她使用推特。這樣的運動需要主流媒體、政客的一臂之力，他們在哪呢？都在推特。她以運動分子的第一人稱視角，替《紐約時報》寫了一篇文章，因此她在線上及線下都能掌握話語權，她的目標讀者——也就是立法委員跟媒體公司——很有可能會看到那篇文章。那篇社論名為〈投票、剃頭、需要的時候就哭〉，讀起來讓人感到痛心，因

為出自她的親身經歷，而非採訪者之手，讀者立刻就能了解到她跟她的同學所受的創傷。她寫道：「就算有人想靠近，低聲的說謝謝你，你也無法得知這個人是否打算用槍近距離射你。」那篇文章在臉書及推特上有多次轉分享，2018 年她跟其他倖存的同學在美國巡迴，鼓勵那些想要終結槍枝暴力的年輕人出來投票。另外，在 2018 年 3 月舉辦的生命大遊行中，全美各地都有多場活動，是反越戰以來美國年輕人組織的最大規模遊行。2020 年，González 跟她的同學將第一次站到投票箱前，那些想贏得年輕人選票的政治人物現在就已了解年輕人對這個話題的想法。

同樣的，瑞典環保少女葛莉塔 · 通貝里（Greta Thunberg）在臉書、推特跟 IG 上有百萬追蹤，她因此能夠證明她對於氣候變遷的看法，推動的環保政策也有廣大群眾的支持，讓人無法忽視。不過，她在聯合國及達佛斯的世界經濟論壇演講，不是為了跟世界領袖、政治人物對話，而是警告他們，她的這一代將持續推動抗爭，直到政府有所作為。她在 2018 年的聯合國氣候峰會上說：「既然我們的領袖表現得像小孩一樣，我們必須承擔那些他們早該擔起的責任。」她的抗議行動始於同年 8 月，她罷課，在瑞典國會外靜坐，抗議政府面臨氣候變遷問題卻無所作為。從那時候起，全球各地有兩萬名學童響應她的罷課行

動，高達 120 萬名學童參與 2019 年 3 月 15 日的氣候大罷課。英國的德蕾莎‧梅伊和澳洲的史考特‧莫里森都批評兒童罷課的行為，建議他們回去上課。雖然這不是運動人士想要的結果，決策者中有四分之一的人認同這些抗議行為，也無疑的激起漣漪效應，造成影響。

葛莉塔‧通貝里在 2018 年 12 月的一場 TED 演講時強調：「如果少數兒童罷課，我們就能上各報頭條，想像一下如果我們同心協力，會成就多大的事？」她不只證明她這樣年輕人能發揮影響力，也成了同年齡的人可以仿效的對象。邊講邊做，邊展示邊說明，遊走於社群媒體跟傳統媒體。**與過去的世代相比，這個世代的人以更嚴謹的手段接觸影響力，以及那些他們能夠發揮影響力的事物。**

YouTube 頻道 JacksGap 共同創辦人 Finn Harries 2012 年在網路上打開知名度。2015 年，由於他念設計學位的個人經驗，開始關心氣候變遷的議題，成為反抗滅絕運動的一員，並與世界自然基金會一起拍紀錄片，內容是有關氣候變遷對格陵蘭冰層的影響。他也在聯合國發表演說。

Finn Harries 說：「我在上第一堂建築課的時候，老師要我們設計因海水上漲的防洪設施，雖然我一直都知道暖化所帶來的影響，但那是我第一次了解到，這個問題將對我的人生造成根本性的影響。」

為了那項計畫，他也閱讀環保學者如比爾・麥克基本（Bill McKibben）跟傑里米・里夫金（Jeremy Rifkin）的著作，促使他採取行動。他強調，在他第一份作業之後的四年內，碳排放持續升高，全球氣溫持續破紀錄，但沒有一個政府採取有效的政策。他說：「這個運動將會是我們這一代的人一生中最大的挑戰。」

　　他相信他的同儕，像是再早一點的千禧世代，仍然透過社交平台推廣他們想要的生活，只是他們想要的是氣候動員組織。「年輕人在找生活的目的與意義，而行動主義能帶給他們意義。」「在這個孤獨、抑鬱跟焦慮瀰漫的時代，大家積極想要的是社群跟共同價值。相隔數千里遠的人，一同在社群媒體上記錄氣候動員組織，可以建立社群的感覺及共同目的。」

　　Harries 認為通貝里的作為是「絕佳的例子，透過社群媒體的放大，可以使得個人獲得極大的權力」。攝影記者、運動分子、紀錄片導演 Alice Aedy 認為通貝里「很傑出」，Aedy 也抗議政府對於氣候變遷的不作為，並將她的攝影作品分享到 IG 上。「我希望這能夠促使系統上的改變。我想到多年以來在環保圈裡面的行動主義卻徒勞無功，還有一些印象深刻的那種瘋傳的時刻，像是艾倫・庫迪（Alan Kurdi）的照片，卻也沒辦法對激起像面臨難

民危機所需要的政治反應。」

雖然她覺得在社群媒體上面推動環保運動效果很好，她也對人們在這些平台接收全球性的災難議題感到擔憂。她說：「你在滑貓咪梗圖、碧昂絲的照片之間，看到敘利亞的爆炸圖片，感覺如何？」「我們接收這些消息的方法，是不是讓這些眼下發生的議題變得不那麼重要？」在報導的時候「更貼近人性」非常重要，這樣人命才不會被視為數字。

然而，這並不是說 Z 世代的人都會群體動員，透過社群媒體發揮他們的影響力來改變世界。雖然這世代的人似乎在一些重要概念上信念一致，YouTuber Taha Khan 認為，他跟許多同年齡的人從 2018 年之後就變得比較政治冷感，因為在 2016 年英國決定脫歐，唐諾‧川普贏得美國總統大選──這些都是一些讓人「震驚、憤怒」的政治覺醒時刻。他說：「我們為了趕上政治的變化，覺得有點疲累，特別是跟川普有關的事，每天都有新的事情發生，就好像不斷接收大量訊息，我們許多人無法再繼續這樣下去。」

因為這樣的資訊轟炸，他將推特上的政治字眼開啟靜音功能，便能夠在不引起討論的前提下使用推特。Khan 也不是唯一一位在這個瞬息萬變的世代中為了自己心靈健

康而採取行動的人。根據英敏特市調公司，21% 的英國消費者基於同樣的原因，減少他們使用社群媒體的時間。

　　儘管這個世代的人對政治參與度很兩極，他強調他們都因「重視概念」而團結，他們的線上貨幣為「梗圖、笑話、有趣的看法」。他說：「這些非常具有價值。」雖然他覺得推特跟網路的變動很快，臉書跟 IG 好像偏慢，不夠跟得上時代，所以未來世代的人不會聚集在這些地方。不過他也很清楚的表示，他們不斷在吸收內容，不管是視覺上、或者聽覺上，因此什麼都不做的話，好像感覺怪怪的。「我們永遠可以選擇不無聊。」「我也不記得我曾經感覺無聊。」

　　如果品牌想要觸及 Z 世代，就表示他們應該嘗試各種不同平台，也思考他們與網紅合作時在網紅的平台上應該用什麼樣的內容。至少從 2015 年開始，大家都很注重在 IG 上獲得良好成效，但注意力時間短的平台，像是讓用戶創造 15 秒影音的抖音，也獲得極高的注意力。因為抖音有點像 Vine，很有趣。抖音在 2018 年 10 月下載次數高達 6800 萬次，較前一年同期相比增加 3.95 倍。

　　想一下 Khan 所說的，因為不斷在推特上接收到政治、熱門話題所引發的「疲乏」，他們這個世代會受快速娛樂吸引也很合理。不過，抖音上的影片跟 Vine 很像，都不

是高規格拍攝，因此也呼應前面所述，社群媒體正轉為反完美的時代。抖音全球行銷主管斯蒂芬‧海因李西‧亨利克斯（Stefan Heinrich Henriquez）在 2018 年接受《Variety》訪問時提到，消費者藉由抖音「展現真實的一面」，這就是他很喜歡抖音的原因。

不管 Z 世代的網紅使用什麼平台，他們想要改變社群上的內容，以及社群媒體存在的意義，是因為他們不想照著千禧世代所畫的路線走。到目前為止，品牌跟用戶都將這些奉為圭臬，IG 的貼文應該長這樣、YouTube 上最熱門的內容格式就是如此。平鋪式拍照、自拍、購物、跟我一起準備出門的影片，這些都是 IG 及 YouTube 上主流的內容。不過，因為 Z 世代用社群媒體的方式不一樣了，他們向外看，而非將相機對著自己，也利用社群網路創造線下的動員，社群媒體的內容也將不可避免的改變。

通貝里在她有關氣候變遷的 TED 演說中，用一句話簡短描述她們的看法：「規則必須要改變，所有事情都必須改變，從今天就開始改變。」

» 創新以達到數位影響力

微網紅與知名網紅，互動率與觸及率，按讚、留言與

分享——我們已經太習慣這些網紅產業的術語，而忘了去思考這些術語的意義是什麼、對我們有什麼幫助。

首先，微網紅與知名網紅該如何定義，必須有個標準，才能在世界通用、並有所幫助。某一個產業的微網紅可能是有兩萬五千名粉絲的人，而另一個產業可能覺得十萬粉絲的人才是微網紅。大家對於「微」的定義各異。

同時，粉絲量究竟重不重要也是一個問題。因為對許多品牌來說，特別是精品或者小眾市場，觸及到對的人才是重點，而不是數量。以現在的標準來看，可能會有品牌付五位數英鎊的酬勞給百萬訂閱的網紅，不過 YouTube 上多數用戶很年輕，因此若得到這些全部用戶的注意，可以說是價值不高，除非這些商品是針對、適合年輕用戶，他們也負擔得起。如果不是這樣的話，那跟大眾網紅合作的價值在哪裡？如果這群人不是你的目標客戶，為什麼要付高額的費用呢？

如第七章所提到，「大眾」這個概念也逐漸沒落，因為消費者比起自我認同、生活方式跟上網瀏覽的內容更傾向個人主義。如果某一個品牌並不想觸及年輕族群，某位網紅的粉絲組成裡面，大約只有十分之一的人是目標族群，那這個廣告對品牌來說花得值得嗎？事實上，雖然兩者的粉絲數有差距，與更小型、受眾更精準的網紅合作，

可能更有效率，也更有價值。若先不管粉絲量與觸及率，透過與品牌價值觀、美感較為類似的網紅跟對的粉絲溝通，其價值遠大於娛樂性質的大眾網紅。

這都要回歸到第一章所說的，**數位名人跟權威性網紅的概念，都是基於個人追蹤網紅的動機，而非假定數位上的人氣就代表影響力**。想一下娛樂及權威、小眾與大眾的差別，我們就能夠創造出更能強化品牌、傳遞價值的合作關係。若繼續因為聲量花大錢，而不去了解在每次廣告活動背後這些數字代表的意義，產業的目標就會繼續跟「大眾」綁在一起，但**在這個人主義漸長的世代，將小眾納入考量可能是更明智的作法。**

》網紅這個字要怎麼辦呢

本書每一位受訪者都提到「網紅」這個用詞，讓他們對於擁有數位影響力反而感到不舒服，更關心的是在這個職業之下，成千上萬名性質各異的網紅將使這個行業扁平化。他們也不喜歡這個用詞所帶來的階級感，有很多網紅不認為他們比粉絲更重要。Pentland 認為這個用詞有一點負面，隨著時間、大眾的認知，這個說法才會消失，

YouTube 頻道與同名部落格 What Olivia Did 創辦人 Olivia Purvis 覺得稱自己為網紅感覺有點矛盾。她覺得這對像她這樣花時間累積受眾與口碑的早期採納者來說，像是澆了一頭冷水。「我知道用這個詞很方便，同樣的，很多人在 IG 或者網紅風潮開始之前，對於這項職業投入很多心力、下了很多苦工，但好像否定了這些人的努力。」

狄克森不再使用網紅這一詞，因為她覺得這個用語無法代表他們在各產業帶來的影響。她說：「好的網紅就是好的個人品牌。他們做的事情很辛苦，需要花很多時間、具有真正的價值。」不過，她也覺得時尚領域的 IG 紅人或部落客，可以考慮開始拍 YouTube 影片，因為她覺得這樣做對他們有益。「還有很多改善的空間，有些美妝頻道很不錯，但我不會看她們的影片，這明顯對某些人來說是機會。」

有趣的是，對於他們的事業下一步如何發展，現在網紅們的看法很兩極。有一派人認為這是長期的事業，沒有多元的計畫，也並沒有設定一個期限，不過他們的親友可能會擔心他們，因為這個產業過新，不知道是否穩定。

早期採納者已經在現有的平台上花費大量的時間累積觀眾，也經歷演算法改變、內容趨勢變化以及平台的更新，他們對於改變方向或者多元化發展的意願很低。

Mona Jones 著重於部落格與 IG，她願意做更多「類似的事」，她說明：「有人說我不應該把雞蛋放進同一個籃子裡，但你如果是在別的產業的話，就會這麼做。我願意把雞蛋放進同一個籃子。」

「Does My Bum Look 40 in This?」網站的 Kat Farmer 已經把 IG 限動納入她在部落格、IG 貼文以外的發文內容，YouTube 雖然有很多商業機會，但她完全不受吸引。她很了解四十歲女性想要的時尚內容，因此決定繼續提供她直覺認為讀者會喜歡的內容。她表示：「我覺得我們還是看電視的那一代，我不知道我的讀者有多常使用 YouTube。」

另一方面，也有網紅認為沒有什麼發展限制，內容創作只是他們遠大目標的一部分。時尚部落客兼創業家 Elle Ferguson 將持續積極發展社群媒體，但現在她更專心發展他的保養品 Elle Effect。「我的終極目標是希望每個女性的浴室櫃子裡，至少有一罐我的產品。」

同樣的，Patricia Bright 也著重於建立事業帝國，這跟 YouTube 並沒有直接關聯，畢竟她已經成功創立接髮片品牌 Y-Hair，並跟她個人品牌完全分開來。至於未來的發展呢？「我對教育、自我充實很有興趣，也很想幫助女性了解她們的機會在哪裡。」

Katherine Ormerod 認為，像網紅這樣非線性的職業，也象徵著人們對工作的看法。在一項 2019 年的調查中發現，兩千名 11 ～ 16 歲的受訪者裡，有 17% 人在畢業之後想成為網紅。原因是因為名氣、收入跟快樂。第一代網紅經紀人利亞姆 · 奇佛觀察到，可模仿的生活風格就是他的客戶成功的原因。他說：「大家覺得他們的故事令人嚮往，而他們自己也能成為 YouTuber。」

Ormerod 認為這種斜槓身分很自由、靈活度很高，她非常滿意，自己也沒辦法回到朝九晚五的上班族生活。她說：「我現在真的覺得我沒辦法受雇於人。我想要的工作跟生活與傳統的辦公室環境相違背。有很多人的看法跟我一樣，我覺得這在未來對企業來說會是一項問題。」

她也相信，她想建立一個適合她的職業，而非在公司內全職做事，最根本的原因就是因為「職場環境不適合女性」，特別是有了小孩之後。她說：「至少這樣沒人可以在我請產假時叫我走人。」「到頭來，問題是這樣：你是否想要用一己之力賺錢，或者等著領薪水，我認為這其實是女權議題。」

Z 世代的 YouTuber、早期採納者 Eman Kellam 認為，斜槓是很自然的事，尤其是因為這對他們這一代的人來說再正常也不過。「我們這一代人很幸運，出生在網路時代，

有些工作可能還沒出現，但未來將出現。我們就是創造這些工作的世代。」我們一定會同時做好幾件工作。Kellam更以 KSI 為例，講他們這一代的網紅將如何發展產業。「他出過書，發表服飾系列，拍過戲，還會饒舌樂，而且還不只這些。」

持續在數位內容的領域耕耘，建立受眾，追求隨之而來的機會，這似乎是大部分利用自身網路影響力的個人的成功途徑。本書受訪的唯一例外是 Lucy Nicholls，她雖然是部落格、社群媒體的早期採納者，也是一群成功的時尚網紅的一分子，但她不走這一行。她說：「我並不後悔。我也很感激我離開這一行，如果我沒有開始寫部落格，就不會遇到這些很棒的機會。我所有的工作機會都是因為我成了網紅而得到。」

這是很有趣的一點。大約自 2014 年起，對很多出版業的工作來說，在個人的社群媒體擁有許多粉絲這件事情很重要。理論上，這不僅能代表你獲得線上粉絲的能力，也會是品牌推廣內容的另一條管道。除此之外，對傳統出版商來講，若自己能培養網紅，在跟客戶做簡報的時候也很加分。

不過，風暴公司的老闆西門‧錢伯斯說，這種建立社群粉絲的壓力、並從社群媒體上獲得價值，使得好幾種

產業跟職業的界線變得模糊。傳統定義下的名人、模特兒都紛紛開了 IG、YouTube 帳號，開啟他們的網紅技能，證明了解這件事情在娛樂圈有多重要。常跟名人、模特兒合作的狄克森說：「我們鼓勵名人跟模特兒建立社群粉絲，才能獲得工作機會，這一點無庸置疑。」不過她提醒，這並不是萬無一失的作法，不是每個螢幕裡的明星或者雜誌上的人，都適合當網紅。她說：「這取決於他們願意呈現多真實的自己，他們的觀眾有多想要看到這一點。」「如果分享點點滴滴對你來說有幫助，就必須努力。」

演員碧西·飛利浦（Busy Philipps）因為 2017 年開始使用 IG 限時動態，變成發展線上粉絲的受益者，她在線上所獲得的成就遠大於其電視電影作品，也獲得「E！」頻道的深夜秀節目《Busy Tonight》。傑克 · 布萊克（Jack Black）有一個遊戲 YouTube 頻道。威爾 · 史密斯（Will Smith）時不時在 YouTube 上放出高規格製作或低成本的影片。潔達 · 蘋姬 · 史密斯（Jada Pinkett Smith）在臉書 Watch 主持《Red Table Talk》脫口秀。

狄克森認為瑞絲 · 薇斯朋（Reese Witherspoon）是善於利用社群平台發揮影響力的名人之一。「你能看到她私底下的一面，我認為她藉由經營社群媒體減輕了一些壓力。她的照片很漂亮，但感覺很真實。」

雖然YouTube網紅全球領導人黎歐娜‧法可森認為，像是 Liza Koshy 這種多產的 vlogger 是平台的動脈。她也強調，跟粉絲直接互動、產出有創意的內容，這對許多有才華的人來說有很強的吸引力。

　　身為媒體的一分子，威爾‧史密斯（Will Smith）對於這些平台似乎運用自如，他有時會跟其他明星一起拍搞笑片，有時會使用常見的 YouTube 推出像是說故事時間。在他頻道的介紹影片中，他說：「我不敢相信 YouTuber 激發了我許多能力，我找回自己的發聲管道，而且我有好多想說的事。」

　　好萊塢明星也像一位真正的網紅那樣說話。

五位努力改變世界的網紅

- Gina Martin：社會運動分子，她花了 18 個月，使得英國上議院在 2019 年判定偷拍照——亦即在未經他人同意之下拍攝生殖器的行為——違法。Martin 在 2017 年參加音樂節的時候遭到偷拍，警方告訴她，他們沒辦法將犯罪嫌疑人法辦，因此她決心開始改變法律。

- Lola Omolola：前新聞記者。極端組織博科聖地（Boko Haram）在 2017 年 4 月綁架 276 名女學童，她因此創立臉書社團「奈及利亞的女性」（Female In Nigeria），現名為 Female IN。這是一個私密社團，有超過百萬的女性在這個安全的空間分享她們面臨的問題，性虐待或家暴的經驗，而不會受到負面批判。

- 金・卡戴珊・威斯特（Kim Kardashian West）：已經當曾祖母的愛麗絲・瑪麗・約翰遜（Alice Marie Johnson）因為非暴力的毒品罪被判無期徒刑。實境秀明星兼創業家金・卡戴珊 2018 年見到川普總統時，請他替約翰遜減刑，約翰遜於 2018 年出獄。她也為辛托雅・布朗（Cyntoia Brown）發聲，布朗年少是性販賣的受害者，因為殺害性侵她的人被判無期徒刑。

- Ed Winters：又名 Earthling Ed，他是純素主義者、動保人士。他直接與像是屠夫、農夫等肉品貿易的工作者展開和平但激烈的辯論，並將內容放在 YouTube 頻道上。他也為動物權利發起遊行，經常分享農業的現實情況。

- DeRay Mckesson：podcaster、民權運動家，Mckesson 透過推特、IG 支持黑人的命也是命（Black Lives Matter）運動。他也主持 Crooked Media 旗下的播客 Pod Save the People，這是有關社會正義的播客，他在裡面會與專家和其他網紅一起探討美國各地或國家問題。

案例分析 爲了社會利益使用 IG

對攝影師 Alice Aedy 來說，IG 不是一個放自拍照、說心事的地方，但講到她目前的作品利用這個平台講述難民的故事，這個走向實屬「意外」。「我一直對政治、人道議題很有興趣，我也想發揮社會影響力。」她在 2016 年去了加萊叢林難民營當志工，為期六個月，同時，她在也希臘北部馬其頓邊界的另一個名為伊多梅尼的難民營工作，因為巴爾幹路線在同年 3 月被封鎖，約有 1 萬 5 千人受困於此。「我跟一群朋友一起，一天煮七千人份的餐點，身上總揹著一台相機。」她看過記者跟攝影師報導難民營的情況以及幫當地住民拍照，

她知道那裡有一些故事好說。「那時大家提到難民都語帶貶意」，她指的是英國前首相大衛‧卡麥隆（David Cameron）稱難民為（如蝗蟲）一大群。「我知道因為我跟許多家庭的關係很緊密，我可以幫他們拍照、分享他們的故事。」大約一年後，她跟英國的慈善機構幫助難民的創辦人見面，受到很多啟發，她開始透過 IG 分享她拍到的影像及收集到的故事。「我覺得自己很幸運，成長在這個時代，我擁有一些工具，讓我能夠對那些我熱衷的社會議題、不公不義、不平等發聲。」

Aedy 不只專注於精準講述那些流離失所的難民的故事，尊重他們，也關心故事中的主角。「我在拍照的時候，會把他們想成我的家人或朋友。」「我覺得在國外報導的時候，攝影記者常常會忽略要保持尊重的態度，也忽略可能會出現權力不對等的情況。」

2017 年索馬利蘭發生旱災之後，她去當地拍了一些肖像照。這些照片是在行動攝影棚裡所拍，而不是呈現出貧困、無助的背景，這樣做是為了將這些人從他們所處背景下的身分區隔開來。她表示：「透過這樣的攝影，我們希望能夠代表觀者創造出與主角的連結跟同理心，也將人們的注意力帶到索馬利蘭最嚴重的旱災之後的一年。

◉ 跟 Z 世代的網紅合作會有一些挑戰，因為有許多人產製的內容是跟道德、社會議題有關，而不是推廣消費主義跟業配。美國 Z 世代的年輕人約有 26% 承認，如果某一個品牌的價值觀、作為與自己不符合，他們會抵制這個品牌。如果品牌想要抓住這群向前進的年輕市場，必須重新檢視產品的製造過程、包裝選材等。

◉ 在第一代 IG 上那些一絲不苟、讓人嚮往、經過布置的內容，已經被注重累積社群的網紅拋棄，因為他們發現粉絲對側拍的影像，還有每天真實生活的對話最有反應。

◉ 年輕世代拿著相機、利用社群媒體去記錄自己關心的議題，而不是將重點放在自己的生活上。另外，這一群人很「重視概念」，因此梗圖跟笑話比美好生活更有價值。

◉ 網紅的定義不斷改變，名人也開始利用像是 YouTube 這樣的數位媒體製作獨立內容，以便能直接與粉絲溝通。除此之外，在關係產業像是模特兒圈工作的人，也被鼓勵累積自己的粉絲，因為在任何案子之中，展現自己的數位影響力都很加分。

◉ 因為網紅重新定義工作以及職涯可能的樣貌，企業可能要處理那些後續的漣漪效應。大多數的公司提供仍朝九晚五的線性工作，網紅也證明能夠同時探索多種興趣的斜槓身分完全可行。社群媒體、獨立製作內容的早期採納者漸漸認為平台不是太重要，他們也不在乎哪一個社群媒體最後會成功。他們期望在未來的職涯中能因為他們建立的成就繼續發表數位內容，對於社群平台消失也覺得不那麼激動。第二代的網紅，也就是那些主要透過 IG 成功的人，對平台的忠誠度較高。

致謝

這本書的寫作過程，是我職涯當中最有成就感的一件事之一，若不是他人的慷慨協助，這本書也無法完成。我所訪問的網紅都樂於分享他們的經驗，也了解這將協助研究數位影響力的優缺點及未來，而非只是用來自我推銷的機會。雖然大多數人具名受訪，也有人怕招致批評，而不願具名。不論我們是在什麼樣的場合討論，我曾經談論與網紅有關的內容，都成了本書的一部分，我也是從這些人身上學習，才得以寫下這些文字。

我特別感謝我的文學經紀人、A.M. Heath 的柔伊‧金（Zoe King），若不是她，就不會有這本書，她堅持因為市場需要，我應該寫這本書，我們一齊找到認同這個想法的出版社。我們最初開始討論的時候，我經歷了不順的孕期，時時刻刻都在擴展公司業務，她不斷鼓勵我，好讓我能完成這本書，我無法想像有誰能比她更適合。

提到出版社，從我第一次見到伊恩‧霍爾斯沃斯（Ian Hallsworth），他就是我最想合作的對象。他了解數位影響力對企業的好處，讓我能夠以新聞的手法進行本書寫作，而不只是個評論者。在這個灰色領域寫一本提供

解答的書，而不單只是分享想法的書，完全是基於他對我原本提案的承諾。布魯姆斯伯里出版社團隊的人都非常支持我、也充滿想法，我很榮幸本書能夠由這家出版社出版。

既然本篇為致謝，我想要藉此機會感謝那些一路上影響我的人，使我成為現在的我，相信我，真的是全體大動員。我會受人們說故事所吸引，是源自我兩位老師琳達・麥格林奇（Linda McGlinchey）與阿德里安・亨特（Adrian Hunter）發人深省的教導，他們讓我知道如何成為好的讀者、作家跟傾聽者。我對影響力的了解，以及影響力在企業裡的角力，都要感謝我在《Tatler》的同事凱特・禮爾頓（Kate Reardon）。能夠成為團隊的一分子替她工作，我心懷感激，那真的是我人生中最發光發熱的幾年。

若我沒有在康泰納仕認識安娜貝爾・禮夫金（Annabel Rivkin），以及她多年來的支持，我完全無法想像我現在會是什麼樣子，她也鼓勵我追尋自己的事業，而不是替他人賺錢。在我的大兒子生病時，生活一團亂，她教我她產業裡的知識，如何能做得更好。她是我認識的人當中，最慷慨、最聰慧的一位，而且她永遠是對的。因為安娜貝爾的幫忙，我認識麗塔・科尼格（Rita Konig）並替她工作，她鼓勵我創立 CORQ（並替公司取這個名字），深深相信這個公司會成功，因此我創業了。

在過去三年以來，要不是有愛蜜莉・麥克米肯（Emilie McMeekan）的幫忙，我可能真的會瘋掉。當我正迫切想要發展業務時，她的加入讓我們在進行的工作都大大升級。她的同理心跟才能，讓我們全公司的人都很自在，他對內容的洞見，讓這本書從我寫作的第一天起，就朝正直的方向邁進。全體 CORQ 的團隊都對這本書貢獻心力，他們的想法跟洞見，協助我理出思緒。謝謝阿拉貝拉・約翰遜（Arabella Johnson），克羅伊・詹姆斯（Chloe James）、珍妮佛・阿德托羅（Jennifer Adetoro），露辛達・戴蒙（Lucinda Diamond），普魯・萊溫頓（Prue Lewington）和蘇妮塔・馬海（Sunita Mahay），你們是創業圈裡最棒、最聰明、最傑出的團隊，特別是最活躍、最聰明、最棒的副手海莉・哈里森（Hayley Harrison）。

我做過好多份工作，大概有 62 份吧，我職涯的轉捩點是在 2016 年，蓋伊・巴林（Guy Baring）成為我的精神導師，他之後也成為我公司的第一位投資人。他的引導啟發人心，他對於網紅現象的理解，非常重要。他對我的支持，使我的人生完全改變，難用三言兩語來形容。

最後，我要謝謝所有在我寫這本書、以及我投入工作時支持我的親朋好友。特別感謝以下幾位朋友，若不是他

們，我可能在 2001 年時會無家可歸、或者離開新聞圈，卡琳 · 托馬斯 · 貝利 Carlene Thomas-Bailey）桑尼亞 · 卡多佐（Sonia Cardoso），烏爾米 · 汗 Urmee Khan），福蘭西斯卡 · 楊（Francesca Young），路易絲 · 博伊爾（Louise Boyle）和珍妮佛 · 麥克維（Jennifer McVey），在我遇到緊急狀況的時候，是他們伸出援手。我的公婆黛安跟湯尼時常提供關愛與幫助，而我的父母、繼父喬治、最棒的媽媽伊莎貝爾，一直對我保有信心，也不斷鼓勵我要更努力、將目光放遠。我要感謝與我度過每一天丈夫兼摯友西門，謝謝你相信一切都有可能，相信親職均等，也相信我。

最後，感謝我的兩個小男生，狄倫跟約拿，這一切都是為了你們。

網紅與社群媒體術語字彙表

如本書所述，社群媒體平台已經自成一格，在不同社群媒體占主導地位的網紅都會使用一些特定的語言，更證明了這一點。以下一些主要詞彙不只在前面幾章使用過，在某些情況下，也成了日常使用的單字。

詞彙	英文	說明
道歉影片	Apology Video	網紅出現一些脫序的行為、引起爭議後所拍的影片。2018 年，道歉影片的數量特別多，因為有許多網紅帶有歧視的舊推文、或者不尊重他人文化的影片被翻出來。道歉影片已融入、也成為 YouTube 的一部分，內容創作者 Jack Douglass（網名 Jacksfilms）在 2018 年的萬聖節還做了一套道歉影片裝
停更	Cancelled	因為網紅現在或者曾經發表歧視言論、或者製作的內容冒犯某種文化而暫時停止更新。停更的時間有長有短，網紅可能會隱藏帳號，或者發布道歉影片或推文。停更對網紅現在或未來的商業機會不造成影響，要看停更的原因有多嚴重
挑戰	Challenge	娛樂型的內容創作者通常基於目前流行什麼挑戰，就拍攝什麼。某些挑戰成為 YouTube 的固定內容格式，像是「男友幫我買 ASOS」或者「小孩去雜貨店購物」

詞彙	英文	說明
聊天 vlog	Chatty vlog	跟生活類 YouTuber 與訂閱者分享個人生活的內容很像，通常是 YouTuber 在化妝的時候所拍攝。這類型的影音拍攝的地方很固定，例如內容創作者的臥室或者客廳
釣魚式連結	Clickbait	誤導人的文字或者照片，鼓勵用戶點擊，導到內容。釣魚式連結最常見於推特及 YouTube，通常引起用戶失望
合作	Collab	兩位網紅一起合作，互相向對方的粉絲推廣自己的內容。YouTube 早期的採用者很流行合作，創造出合作文化，加速粉絲成長，但這也適用於 IG 生態圈，可獲得成長。兩位網紅在真實世界中如果也是朋友的話，效果最好
每日 vlog	Daily vlog	網紅每天都在 YouTube 上發布 vlog，記錄生活，通常包含單調的內容，像是上健身房、採買日用品，有些內容創作者也有專門用來記錄 vlog 的帳號。每天拍 vlog 通常為 YouTuber 職業倦怠的原因
Diss 之歌	Diss track	用來攻擊或汙辱其他網紅的一首歌，在 2016 到 2017 年間在 YouTube 上很流行，而被點名的網紅通常會用另一首歌 diss 回去
畫出我的人生故事	Draw my life	創作者藉由插圖，講述自己的人生故事，常見於 YouTube

詞彙	英文	說明
要死了	Dying	因為某件讓人震驚的新聞，或者很棒的東西，心理難以消化。常用於各種社群媒體平台
愛用品	Favorites	常見的 YouTube 影片格式，常為生活類內容創作者，每個月固定分享當月所用的最棒產品，影片下方資訊欄通常會列出所提到的產品
平鋪式拍照	Flatlay	靜物照的一種，網紅會將讓人嚮往的物品，像是化妝品、書、太陽眼鏡、咖啡，排在空白的背景上，從空中拍照，常見於 IG
跟我一起準備出門	Get ready with me	一種 YouTube 影片格式，內容創作者在為活動準備，或者出門前的選衣服、化妝過程，主要見於 YouTube
黑粉	Hate follow	在社群媒體上追蹤網紅，想要留言黑他們的人，因為這些人不喜歡該網紅的內容，或者是反對他們的看法
購物分享	haul	一種內容格式，vlogger 展示大採買的戰利品，可能來自單一品牌，或者多種品牌，但可能為特定季節或者有某個重點。例如：冬季採買或者彩妝戰利品，一開始出現於 YouTube，後來在 IG 及推特上也經常出現

詞彙	英文	說明
我要死了	I'm dead	當不可置信的時候使用，常用於各種社群媒體平台
Lightroom 格檔	Lightroom presets	Adobe 開發的軟體，讓網紅能夠快速將照片調成同一種風格，同樣程度的色彩飽和與明亮度，常見於 IG。除此之外，網紅也會賣一些他們創作的風格檔套組，讓粉絲可以創作出跟他們一樣風格的照片
梗圖	Meme	幽默的圖片或者文字，內容為大家有共鳴、文化相關，或者政治上重要的議題
吃播	Mukbang	一種源自南韓的內容格式，內容創作者邊吃進大量的食物，邊分享生活
植物奶	Mylk	原本為椰奶品牌，後來泛指各種植物奶。純素或者植物性飲食的 vlogger 或部落客在 IG 及 YouTube 上經常使用
今日穿搭	OOTD	也可以說「今晚穿搭」，主要用於 IG
Q&A		網紅會回答粉絲在推特、Snapchat 或 IG 上所提的問題，原本在 YouTube 上很流行，但也常用在 IG 限時動態
女王氣場	Queen/qween	形容人很時髦、成功、有自信
證據	Receipts	在爭吵時提供證據。例如：「少講一點，我有證據。」
震驚	Shook	用於各社群媒體平台，表示不敢置信、生氣或者驚訝

詞彙	英文	說明
有夠扯	Shooketh	比震驚更震驚，用於各社群媒體平台，表示更高程度的不敢置信、生氣或者驚訝
姊妹	Sis	通常用來稱呼女性朋友，但在美妝、黑人或者 LGBTQ+ 社群裡也經常使用。Sis 在黑人推特中很常見，而 vlogger James Charles 稱他的粉絲為 Sisters
挖苦	Salty	挖苦或者忌妒某人，常用於各種平台
完勝	Slay	在某一局遊戲裡打敗對手，若有人做得很好，也可用來稱讚別人。原本常用於 LGBTQ+ 社群及非裔推特，後因為碧昂絲 2016 年發行的專輯《檸檬特調》〈女力來襲〉中的歌詞而大流行
時髦	Snatched	通常用來形容衣著或者化妝很好看。原本為美妝界或 LGBTQ+ 的 vlogger 使用，後因為《魯保羅變裝皇后秀》而大流行
搶假髮	Snatch your wig/wig snatched	來源可能是人讓人大吃一驚（因此假髮掉落）或者以證據證明對方是錯的。因《魯保羅變裝皇后秀》而大流行，常見於 YouTube
說八卦	Spill the tea/T	網紅說八卦或者說出真相。原本是德州聖安東尼奧的變裝皇后的用語，現在為英美 YouTuber、IG、推特上的用詞

詞彙	英文	說明
朋友圈	squad	一群共同支持彼此的朋友，在 IG 上很流行，也因泰勒斯 2015 年的單曲〈壞到底〉而大流行
說故事時間	storytime	一種 YouTube 影片格式，內容創作者戲劇性的講一個有趣、或者讓人充滿好奇的事件，內容通常很精彩
開箱	unboxinh	vlogger 會一一拿出他們收到或者買到的東西。在 YouTube 上開始流行，但現在也常見於 IG。簡短的開箱版本只展示東西，不會介紹
VidCon		由一對頻道為 Vlog Brothers 的作家、內容創作者的兄弟檔 Hank 與 John Green 於 2010 年 創辦的 YouTuber 大會，他們在 2018 年將主辦權賣給維亞康姆（Viacom）。原本於南加州舉辦，現在成為全球性的活動，全世界各領域的網紅齊聚一堂參加專題討論與粉絲見面會
Vlog		如部落格文章一樣，於 YouTube 發表的影音
Vlog 聖誕挑戰	Vlogmas	挑戰者必須從 12 月 1 日每天拍片拍到聖誕節前夕，大多為聖誕節主題，但沒有硬性規定，常見於 YouTube
Yass		就是 yes，支持他人或者表達興奮之意。原本多為變裝皇后或者 LGBTQ+ 社群使用，現在各主流媒體也會使用

網紅影響力
自媒體如何塑造我們的數位時代

Influence:
How social media influencers are shaping our digital future

作　　　者	莎拉・麥柯克戴爾（Sara McCorquodale）
譯　　　者	陳冠吟
總監暨總編輯	林馨琴
文 字 編 輯	楊伊琳
封 面 設 計	陳文德
內 頁 設 計	賴維明

—

發 行 人	王榮文
出 版 發 行	遠流出版事業股份有限公司
地　　　址	臺北市南昌路 2 段 81 號 6 樓
客 服 電 話	02-2392-6899
傳　　　真	02-2392-6658
郵　　　撥	0189456-1
著 作 權 顧 問	蕭雄淋 律師

2020 年 11 月 01 日　初版一刷
新台幣 360 元（如有缺頁或破損，請寄回更換）
有著作權 ・ 侵害必究　Printed in Taiwan

—

ISBN　978-957-32-8897-8

—

遠流博識網　http://www.ylib.com/
E-mail　ylib@ylib.com

網紅影響力：自媒體如何塑造我們的數位時代 /
莎拉 . 麥柯克戴爾 (Sara McCorquodale) 著；
陳冠吟譯 . -- 初版 . -- 臺北市：遠流, 2020.11
　面；　公分
譯 自：Influence : how social media
influencers are shaping our digital future
ISBN 978-957-32-8897-8(平裝)

1. 網路產業 2. 品牌行銷 3. 網路經濟學

484.6　　　　　　　　　　　　　109015706

國家圖書館出版品預行編目（CIP）資料

Copyright ©2020 , Sara McCorquodale
This edition arranged with A.M. Heath & CO. Ltd.
through Andrew Nurnberg Associates International Limited.